用100%的努力争取1%的机会

山东文艺出版社

图书在版编目（CIP）数据

用 100% 的努力争取 1% 的机会 / 彭忠富著 . —济南：山东文艺出版社，2017.3
ISBN 978-7-5329-5392-9

Ⅰ. ①用… Ⅱ . ①彭… Ⅲ . ①成功心理 – 通俗读物
Ⅳ . ① B848.4

中国版本图书馆 CIP 数据核字（2017）第 001399 号

用 100% 的努力争取 1% 的机会

彭忠富　著

主管部门	山东出版传媒股份有限公司
出版发行	山东文艺出版社
社　　址	山东省济南市英雄山路 189 号
邮　　编	250002
网　　址	www.sdwypress.com
读者服务	0531—82098776（总编室） 0531—82098775（市场营销部）
电子邮箱	sdwy@sdpress.com.cn
印　　刷	北京嘉业印刷厂
开　　本	880 毫米 ×1230 毫米　1/32
印　　张	9
字　　数	187 千
版　　次	2017 年 3 月第 1 版
印　　次	2017 年 3 月第 1 次印刷
印　　数	1~2000
书　　号	ISBN 978-7-5329-5392-9
定　　价	38.00 元

序　有梦人生不卑微

在我居住的城市制高点钟鼓楼的一面涂鸦墙上，密密麻麻地写着各种笔迹的留言，中英文都有。最简单的当然是“到此一游”之类的句子，有恋人之间互相表白的，也有祝福自己考试取得好成绩的。只有一处留言让我肃然起敬，“我要做第一流的服务员！”那清秀而工整的字迹，一看就是个女孩写的。服务员也是职业之一，只要努力，当然可以达到一流水准。

我很好奇，想知道这个女孩到底做到没有。看留言时间是两年前的，按照女孩留下的 QQ 号，说明来意，我在网上联系了她。女孩叫小文，她说那的确是她当初来这座城市打工时留下的誓言，目的是激励自己努力打拼，赢得属于自己的一片天。两年后，小文的理想已经实现了，现在她已经成为那家饭店的大堂经理。女孩说的那家饭店在本市还算小有名气，能在众多的服务员中脱颖而出，成为大堂经理，这应该是非常不简单的。有梦的人生不卑微，癞蛤蟆想吃天鹅肉也是可以的。只要去努力，相信总有一天机遇会垂青于你的。

美国有个17岁的少年扎克·霍斯金，出生时没有左小臂，但他没有放弃篮球梦想，如今他能在美国中学联赛中单场比赛砍下31分，其成绩让那些四肢健全的高中生也自愧不如。一个人没有左小臂意味着什么？这首先意味着被打上残疾人的标签，别人能做的事儿他不能做，或者做得慢；其次无形中会受到健全人的歧视，虽然别人是无意的，但他仍会觉得受到伤害，影响心智发育；最后是一些常见的运动他都玩不了，特别是那些对抗性的活动，比如篮球、足球等。

但是霍斯金的表现绝对让所有人大跌眼镜。霍斯金虽然没有左手，但上天却给了他超乎常人的运动天赋。6岁那年，在和小伙伴们玩追逐游戏的时候，他的敏捷和迅速，让他从来没有被抓住过。11岁那年，他已是校篮球队主力。因为天生没有左手，父母曾经伤痛欲绝，后来看霍斯金颇具运动天赋，就提供各种条件让他去玩，没想到他还真的玩出了名堂。只要感兴趣的，霍斯金都会去尝试。“所有的运动都离不开手，我知道自己的劣势。别人一次，我就两三次，直到掌握了为止。”霍斯金说道。运球、上篮、做假动作、投射，霍斯金一点儿也不输于其他人，成为校篮球队的核心成员。然而这些成绩的取得，都是霍斯金花费了比别人更多的努力才得到的，其中辛苦也只有他自己才清楚。

“我经常跟自己说，每个人都有自己的梦想，而实现梦想最重要的，是不要给自己找借口。”霍斯金说。是啊，有梦的人生不卑微，但是要想实现自己的梦想，你就得努力，就得克服前进中的困难，就不要给自己的失败找任何借口。失败不要紧，哪里跌倒哪里爬起来，只要你一直在努力，哪怕每天只有细微的进步，最终也会成就一番事业。

彭忠富
2016 年 7 月于四川绵竹

第一辑 世界会给为了理想全力以赴的人让路

目录 CONTENTS

第二辑 成功是用努力浇灌出来的

目录 CONTENTS

第三辑

努力提高自己解决问题的能力

目录 CONTENTS

第五辑

机会垂青努力且有准备的人

目录 CONTENTS

第一辑

世界会给为了理想
全力以赴的人让路

天地之间，梦想花开。

梦想不是空想，不是瞎想，也不是胡思乱想，更不是异想天开。

梦想是一个美丽的愿景，像母亲的手牵引着你，

虽然一路走得跌跌撞撞，但毅然决然。

因为我们始终能够感觉到，只要每天努力一点点，

那么就会离梦想越来越近，从而收获梦想的甜蜜。

认清自己，充分展现自己

“不识庐山真面目，只缘身在此山中。”这是苏轼的一句诗，用在我们个人身上，也非常贴切。事实上，在讲到别人缺点的时候，我们常常头头是道；可是说到自己，却往往浅尝辄止，让人觉得自己在护短。

有些自诩目光高远的人，却不能看到自己的睫毛，这是苦于不自见，苦于不自知。这个世界上，最难认识的就是自己，最难打败的也是自己。如果我们能做到知己知彼，那么就能立于不败之地。

三国马谡，本是孔明帐下一个参军，作为参谋人员，给主帅出谋划策还是绰绰有余。但是马谡迫切地想建功立业，立下军令状去守街亭。结果在街亭之战中，他不能随机应变，又不听副将王平的建议，导致蜀军大败。孔明挥泪斩马谡，又上表自降三级，这才稳定军心。像马谡这样好大喜功的参军，人生最大的失败就在于没有认清自己的斤两，结果害人害己，留下千古遗憾。

反观毛遂，却敢于麻袋装钉子显尖尖，结果让自己青史留名。凭啥？因为他深知凭借自己的三寸不烂之舌，一定可以完成任务，不然就不敢自荐了。要知道，平原君帐下门客甚多，根据各人本事，享受不同待遇。要想出有车，食有鱼，那就得亮出自己的真本事来。机会总是垂青于有准备的人。公元前 257 年，秦军包围赵国都城邯郸。平原君前往楚国去求援时，毛遂主动请缨陪同。当平原君和楚王商讨合纵之策，楚王犹豫不决时，毛遂按剑上前，向楚王陈述了唇亡齿寒的道理，楚王被打动，同意发兵救赵。毛遂自荐，也就是说，当伯乐没有出现时，千里马就要通过狂奔来变现自己，这样必能脱颖而出，这也是推销自己的一种方式。

野川是一位三十岁的日本职员。他大学毕业后一直在一个中等大小的公司里做统计员，工作单调乏味，他每天都觉得生活毫无乐趣。一天，他偶然翻阅了一些有关自我形象塑造的心理学书籍，不禁豁然开朗，他发现自己不应活成现在这样子。他有很好的口才，并因诚实的举止很易得到别人的信任，但目前的工作体现不了这些。于是他毅然决定改行，去做能发挥自己特长的房地产经纪人。果然，他的职业给他带来了全新的感受，他成功了。很多人其实具有很大的发展潜力，但他们对自己缺乏正确的认识，干着他们不合适的工作终了一生，最终碌碌无为，一事无成，这样的人生实在令人惋惜。

如何正确地看待自己，这对许多人来说都困难重重。特别是对于尚未成功的人来说，不以成败论英雄，不以当时标准衡量成败是最难得的。贝多芬在世上时，他的乐曲一直不被正统派承认，他本人穷困潦倒。然而，他**不以当时的标准来衡量自己的成败，最终被社会承认，这就是知己的才能。**

马谡、毛遂、野川和贝多芬这样的例子，在我们的周围可谓比比皆是，只不过名气有大小罢了。**作为芸芸众生的一员，当我们知道自己的才干被埋没时，如果不愿安于现状，那么及时跳槽改换工种或者独自创业，说不定就能柳暗花明又一村，实现人生价值。**

走一条自己真正想走的路

鲁迅在日本仙台学医，看见电影里中国人麻木不仁，愤而弃医从文，决意启蒙民众思想，从而在中国现代文学史上奠定了自己的地位。新文化运动的开创者之一胡适，曾任国民党政府驻美国大使、北京大学校长，在政学两界纵横捭阖，广积人缘，留下“我们的朋友胡适之”的美誉。可谁能想到，其实胡适跟鲁迅一样，也是放弃了原来所学专业，弃农从文，这才有了后来的成就。

胡适考取了庚子赔款留学名额，准备赴美留学。临行前，二哥专程从东北赶到上海为胡适送行，并叮嘱胡适：去了美国要选择铁路工程、矿冶工程一类的技术专业，既可振兴家业，又可为国家振兴实业；至于文学、哲学、政治一类毫无用处，不学也罢。胡适考虑到学农业不收费，可以节省一部分开支，补贴家用，便决定去美国学农业。到了康奈尔大学农学院之后，胡适在这里度过了大学第一年。康奈尔大学农科非常著名，但当时美国社会中上层阶级的子弟都不愿意学农科，原因不言而喻，学农就要跟庄稼、牲畜打交道，让人觉着不体面。

康奈尔大学的农科教学方式很特别，注重实验，喜欢安排野外实习，胡适觉得非常有趣。但是胡适不喜欢农科的生物课。这类课上，为了实验动物脑部的作用，常常会捉几只青蛙做实验品，有的去头，有的去眼，观察这些失去了不同部位的青蛙有什么表现和变化，这样血腥的场面让胡适瞠目结舌，胆战心惊。果树学的实习课是一门实践操作课，要求学生把分得的苹果进行测量分类并做好记录。课堂上，老师给学生每人分三十多个苹果，学生们必须根据一本培育指南上所列举的项目，把这一堆苹果分门别类地区分开来。这种精挑细选的活儿，美国学生做起来轻车熟路，好像他们对一个个苹果早已认识，又好像摆弄自己熟悉的玩意儿一样，只需翻开索引或指南，就能轻轻松松地把三十几个苹果分好类，并将它们的学名填满表格，前后花去的时间也就二三十分钟，实验在游戏中就完成了。临走时，他们还不忘偷偷地捡几个苹果，藏进大衣口袋里，一溜烟地从实验室里扬长而去。可是胡适和几个中国学生却对着一堆苹果傻了眼，根本毫无头绪。当他们忙乎完了，表格也填好了，结果还是错误百出，成绩自然见不得人。

胡适学农的兴趣很快就消失殆尽。苹果实习课后，胡适常常责问自己，这样辛苦地学农，有意思吗？回国后能够找到用武之地吗？在家信中，二哥告诫胡适：“农学是中国通用之学，吾弟将来学成归国，大有可为。”可是二哥的意见胡适根本听不进去，他觉得自己感兴趣的还是思想与哲学方面的知识。“中国古代哲学的基本著作，及宋明诸儒的论述，我在幼年时，差不多都已读过。我对这些学科的基本兴趣，也就是我个人的文化背景。”胡适在日记里这样写道。**找到自己的追求目标**后，胡适就开始选修康奈尔大学文学院的“哲学史”，后来更是转入了文学院，专门学习和思想社会打交道的哲学、政治和文学，先后师从克雷敦、奥兹和杜威等教授，终成一代大家。

兴趣是最好的老师

漫画家丰子恺，年幼时极有绘画天赋。七八岁时，他在父亲创办的私塾读书，学《千家诗》。诗歌还没有背诵多少，他反而对书籍中的诗歌插图产生了兴趣。《千家诗》每页上有一幅木版画，第一幅就是《大舜耕田》，丰子恺觉得图画比诗句还有趣些。

丰子恺家是开染坊店的，不缺颜料。他找染匠讨了些颜料，分别融化在小盅里，用毛笔蘸颜料为书上的人物画着色。那时的书纸很薄，颜料涂在上面的纸上，往下渗透了好几层。丰子恺颜料笔吸得饱，透得深，等着好色后翻开书一看，下面七八页上都有《大舜耕田》的图案。第二天上课，丰子恺父亲发现了他的杰作，差点就用戒尺抽打他的手心。好在母亲心疼他，怕他吃不消，苦苦求情，总算挨过了这一关。丰子恺呜呜咽咽地哭了一顿，把颜料盅子藏起来。晚上等到父亲上鸦片烟馆去了，他就又拿出颜料盅子，叫丫鬟从店堂里偷拿了一些煤头纸来画画。母亲、姐姐看了他的画作，都说好！

《千家诗》上面的图案描摹得差不多了，他又从父亲的藏书里找出一部人物画谱，整日操练，对于线条和着色都颇有心得。

十二三岁时，丰子恺已经将这本人物谱上的图案都全部描摹、着色了一遍。虽然着色所用的颜料仍然是染坊的，但是他在画画的实践中，已经逐渐学会了调配颜色的浓淡、深浅等，在画上可以施以各种复杂、华丽的色彩。同学们看了都很喜欢，说比书本上的原画还好看。大家纷纷向他讨画，有的拿去贴在灶间里，当作灶君菩萨；或者贴在床前，再写上一句座右铭，用来勉励自己上进。

那时丰子恺在私塾作画，都是暗中进行的，根本不敢让私塾老师知道。父亲去世后，他换了另外一家私塾，因此要在私塾画画，还得动番脑筋。先生坐在案桌边时，大家都把画具和画藏好，个个摇头晃脑、装模作样地跟先生课读。等到下午，朋友请先生去外面吃茶时，丰子恺就开始画画了。丰子恺先一幅幅地描出来，然后一幅幅地涂颜料。同学们便像看病时挂号一样，依次认定自己想要的画。当然也有润笔费，不过都是一些自己制作的玩具或者土产。有一次，两个同学因为交换一张画，竟然大打出手。先生知道后，严加审问，知道是丰子恺画的后，非常吃惊，但并没有责骂他。先生只是把人物画谱拿去了，一张张地翻看，最后翻出画谱中的孔子像，要求丰子恺画一张大一些的。丰子恺非常高兴，在姐姐的指导下，利用方格子将画谱中的孔子像在纸上同步放大，着上颜色，一个鲜明华丽而伟大的孔子像就呈现出来了。大家都说好。先生拿到后，非常满意，当即粘贴在私塾堂名匾下的板壁上。学生们每天上下学，都要对着孔子像行礼膜拜。从此，丰子恺成了乡邻中的小画家。他备受鼓舞，更加喜欢画画，最终成为一名画家。

现在看来，丰子恺能成为画家，跟儿时家人、同学和先生的鼓励分不开。**兴趣是最好的老师。**

确立自己的人生坐标

他 1985 年 6 月 30 日出生在美国马里兰州的巴尔的摩市，他的爸爸是名警察，而他的妈妈是一位有着 22 年教龄的老师。自从他学会说话，父母就开始头痛起来。每天他都有问不完的问题，有时候连当教师的妈妈也被问得哑口无言。他对什么东西都好奇，小小年纪，就希望自己成为众人关注的焦点。

他在家里调皮捣蛋，不能玩的东西偏要玩，不能做的事情偏要做。对于妈妈的警告，他总是置若罔闻。妈妈不得不牢牢地盯着他，因为一不小心，他就可能惹出麻烦来。妈妈最怕见到儿子的老师们。“他在课堂上一刻不停”“他没有一秒钟能够安静”“他总是管不住自己的双手”……每次到学校接儿子或者开家长会，各个科目的老师都会抱怨他在课堂上制造麻烦。妈妈很尴尬，因为她也是名教师，平时最讨厌的就是欺负同学，在课堂上发出怪笑的学生。可她自己的儿子恰恰就是这样一个浑小子，许多老师甚至指责她连自己的儿子也没有教好。

上小学时，他的多动症影响到了他的学习。虽然他不再到处惹麻烦了，体育课以及一些实验课程能让他提起点兴趣，不过，当妈妈试着培养他的阅读兴趣时，这位操心的妈妈又一次失望了。“我会给他一份《巴尔的摩太阳报》的体育版，哪怕他只是看看图也好。”不过，绝大部分科目是B、C甚至是D的成绩单足以说明，小时候的他压根儿不爱看书。妈妈觉得很无奈，难道自己的儿子就这样一事无成，荒废学业？

9岁那年，爸爸妈妈决定让他接受多动症治疗。妈妈认为，至少这能让他愿意花点时间在自己的功课上，“有些科目能从C进步到B。不过，如果作业的要求是至少写四句话，那么他只会写上四句话”。

两年后，他告诉妈妈，他可以控制住自己，他不想每天去学校医务室服药。妈妈决定相信儿子。同一年，他在游泳池中展露出自己的才华。教练鲍勃告诉妈妈：“2004年，你儿子会出现在奥运会上，2008年他会打破世界纪录，2012年……”教练鲍勃非常激动，说他就是为游泳而生的神童，他就是未来泳池碧波的主宰。妈妈有些蒙了，自己的儿子会突然从麻烦制造者变成泳池里的神童，这简直让人难以相信。因为她清楚地知道，自己的儿子还只是一个11岁的中学生。

可是教练的话也有道理，毕竟教练给儿子勾画出了一个愿景。爸爸妈妈开始全力支持他训练游泳，希望他将来有所作为。他没有辜负大家的期望，在2004年雅典奥运会上，他在游泳池里获得6

枚金牌、2 枚铜牌。在北京奥运会上，他的目标是获得 8 枚金牌，并打破世界纪录。他实现了目标。

他就是世界游泳神童，美国著名游泳运动员迈克尔 · 菲尔普斯。“你儿子干什么事都专心不了！”直到现在，妈妈都记得他的一位小学老师曾给出过这样的评价。而妈妈所做的，不过是找准了菲尔普斯的人生坐标，不喜欢学习就游泳吧，就这样改变了他的人生轨迹。

其实我们每个人都有自己的人生坐标，关键是你得找准自己的坐标，然后一如既往地走下去，也许你也是某方面的天才呢？就像菲尔普斯一样。

为梦想坚持奋斗

项羽见到秦始皇出游的仪仗时说，“彼可取而代也”。刘邦则说，“大丈夫当如此也”。我想人群之中心生羡慕的应当不只是这两人。可是有些人只是过过嘴瘾，说说就算了，唯有项刘二人把这句话作为自己的人生目标并努力实践之，结果成就了一番霸业。

无独有偶，中国近现代著名教育家，执掌北大近二十年的蒋梦麟，年少时也有类似经历。蒋梦麟在自传《西潮》中谈道：“我故乡余姚城外的姚江岸上有一座接官亭，这是各县都有的。如果有上级官员过境，知县就在这里迎候。大约六十年前的一个下午，我发现亭子附近聚了一大堆人。我赶过去一看，原来是大家在观望学台和他的随行人员下船，上岸。这位学台正预备去宁波主持郡试。前一日，知县已经从老百姓手中抓去好几条大船，那条专为这位学台预备的船上装了好几只加封条的箱子，至于箱子里面装些什么，自然只有经手的人才知道了。我遥望着学台等一行换了船，学台踏上最华丽的一只，随后这只载着官吏和陋规礼金的小型舰队就扬帆顺着退潮驶往宁波去了。那种气派使我顿生大丈夫当如是也的感触。我心里说从今以后一定要用功读书，以便将来有一天也当起学台，享受藏在箱子里面的神秘礼物。”

蒋梦麟的少年梦可谓和项刘如出一辙，只不过一个面对的是秦始皇，一个是学台而已。学台是清朝廷派到一省主管教育的官员，三年一换，相当于教育厅长。学台跟秦始皇的威仪相比，自然有天壤之别，但在少年蒋梦麟的脑海里，仍然打下了不可磨灭的烙印。这也难怪官本位思想在中国人脑海中根深蒂固，因为当官，特别是当大官享受的好处太多了。学而优则仕，这也是读书人耐得住十年寒窗青灯苦的缘故吧！

这其实是件好事，因为它直接激励蒋梦麟努力学习。蒋梦麟幼年在家乡余姚蒋村私塾读书，12 岁进入绍兴中西学堂，开始学习外语和科学知识，后参加家乡科举考试，得中秀才。1908 年 8 月赴美留学，1917 年在纽约哥伦比亚大学毕业时，一举拿下了该校哲学和教育学两个博士学位。而同门师兄胡适，却因为论文答辩不过关，直到十年后才拿到该校博士学位。而胡适坐上北京大学校长位置，则比蒋梦麟晚了 17 年。

蒋梦麟先后任过国民党政府教育部部长、北京大学校长、行政院秘书长和中国红十字会会长等职务，其所取得的成就，已经远远超过他年少时所见的那位学台了。可是不知什么缘故，蒋梦麟现在的声名，已经完全被胡适、蔡元培和傅斯年等人所掩盖，甚至被北大人所淡忘了。蒋梦麟出任北大校长期间，适时提出了“教授治学，学生求学，职员治事，校长治校”的口号。尽管遭遇战乱，但在蒋梦麟任期内北大的教研水平有大幅提高，直至西南联大八年，也是功绩多多，受到学界的普遍尊重。

一个“学台招摇过境”的偶发事件，在少年蒋梦麟心里埋下了奋发图强的种子。**对于有心人来说，儿时的梦想会牵引着他们去终生奋斗，直到走向成功的彼岸；而对于芸芸众生来说，这样的梦想就如同过眼云烟，转瞬即逝。**也许，这就是大师与我辈的区别了。

坚持信念，实践理想

上小学时，班主任尹老师给我们布置了一篇作文叫《我的理想》。一周后，尹老师把作文发了下来，并且顺势开了班会，专门谈论“理想”这个话题。

我记得大家的理想可谓五花八门，有的说要当解放军保卫祖国，有的说要当医生救死扶伤，有的说要当农民科学种田。轮到我了，我站起来大声地说道我要当作家，要写出《红楼梦》这样的名著来。同学们都笑了，说我自不量力，不要以为作文被老师当成范文在班上读了几次就不知天高地厚。只有尹老师没有笑，她说彭同学的理想并非遥不可及。曹雪芹也是人，也是一步步成长起来的，只要我们努力，并且朝着这个目标奋斗，当作家是很有可能的，加油！

前几天，我在公园里闲逛，无意中遇见了尹老师。虽然我们住在一座城市里，但是已经很多年没有见面了。尹老师两鬓斑白，慈眉善目，眼神还挺好，她拦住我，激动地上下打量着说：“彭忠富，没错，就是你，还是当年那模样！”我也非常激动，寒暄中得知尹老师已经退休了，现在闲在家里带孙子，享受天伦之乐。

尹老师说她经常在报纸副刊上看见我写的文章，第一次看见时非常感叹，从头至尾细细读过，觉得很有保留价值，就用剪刀剪下来，贴在一个笔记本上。如今五六年下来，已经攒了厚厚的一本。当有客人来拜访，问起尹老师的教书生涯时，她就会自豪地拿出这个剪贴本，给人介绍这就是她当年的学生，现在已经成了在报纸上经常露面的作家了。这个剪贴本，可比教育局发给尹老师的奖状还管用，这就是学生成就的实证啊！

听了尹老师的介绍，我非常惭愧。我虽然在写作，但是这辈子应该永远达不到曹雪芹那样的水平了。但是这些年来，我时刻都没有放弃读书和思考，如此才能取得些许成就，也算是没有亵渎我儿时的理想吧！

没有理想的生活犹如一潭死水，一个没有理想的人，他的人生记分册上将永远是零分或一片空白。**人生要有理想，理想就是人生追求的目标。没有理想，就没有事业的成功和人生的辉煌，所有的成功者都是在执着的奋斗中，靠着顽强的信念在实践自己的理想。**

我是个教师，只在业余时间写作。在课堂上，我有时也询问一下学生的理想，因为我深知理想对于一个孩子的激励作用。有一次，一个孩子就这样回答："我的理想是当总统！"可想而知，全班同学照样哄堂大笑，因为这个孩子的成绩在班上属于中下，能够说出这样离谱的话，当然只会得到一阵嘲笑。于是我再次问道："请你再想一下，你确定你的理想是当总统吗？"那个孩子不假思索地答道:“是的，我想好了，我的理想是当总统。我要给村民们修路架桥，开超市，通自来水、天然气和有线电视，让他们的日子过得更好！”

那一刻我觉得十分震撼，这个10岁的小男孩看来的确是经过深思熟虑，他在发表自己的竞选承诺呢！于是我激动地说，让我们为未来的总统先生鼓掌。于是教室里掌声雷动，相信大家对这节课都终生难忘！

试想一下，在现代社会，哪个人生下来就是总统呢？你也能当总统，只要你每天努力一点点，坚持自己的信念就行！

成功的花需要每天浇灌

天地之间，梦想花开。梦想不是空想，不是瞎想，不是胡思乱想，更不是异想天开。梦想是一个美丽的愿景，就在我们前面咫尺之远，像母亲的手牵引着你，虽然一路走得跌跌撞撞，但却毅然决然。因为我们始终能够感觉到，只要每天努力一点点，那么就会离梦想越来越近，从而收获梦想的甜蜜。

从呱呱坠地起，父母就将希望寄托在我们身上。母亲在用乳汁哺育我们之余，不断地对我们重复着“妈妈”或者“爸爸”类似的发音。他们不厌其烦，希望我们尽早学会说话，学会用语言表达自己的情绪。可是最初的我们，只会发出啊啊或哦哦的声音，如果大人不理解，我们就哇哇大哭，以哭声来吸引父母的注意，表示我们内心的某种需求。当我们在偶然的一刻，突然从嘴里迸出“爸”或“妈”的时候，父母一定会欣喜若狂。因为他们的付出总算有了回报，会说第一个字就不愁第二个字，我们最终会说得滔滔不绝。

接下来的梦想不外乎是走路了。起初只能爬行，但我们怎么能一直爬行呢？走路是我们成长的新目标。于是我们在父母的指引下，从在大人膝盖上练习站立开始，一步步离开父母的怀抱，从最初的战战兢兢，蹒跚学步，一直到昂首阔步，直到像箭一样跑向人生的新航道。我们的活动半径越来越大，而父母赋予我们的梦想也越来越多，甚至我们也学会了独立思考，我们开始思考自己的未来。

“长大后你想干什么？”这是小学老师经常在班会课上引导我们辩论的话题。那时我们羡慕科学家，我们崇拜解放军，于是我们的理想就有了这些答案：“我要当科学家。”或者“我要当解放军。”就是没有人说：“我要当农民。”“千万不要再当农民了。农民苦，农民累，面朝黄土背朝天。”这是父亲经常教育我的话。有时候这句话来得更直接些：“你要不努力学习，长大后就像我一样担粪桶。”父亲的谆谆教诲，让我一刻也不敢放松自己的学习，每天努力一点点，总算离开了乡村这块令人无奈的土地，实现了人生的某些价值。

而现在孩子们的梦想就比我们丰富多彩。我女儿这一代，说到梦想，那真是异彩纷呈。传统的当然还是医生、经理、教师这些职业，但现在有些孩子已经直接说出了：“长大后我想当官。”这样的梦想无可厚非，无论什么职业，只要能够成就自己人生就行了。这就是一个值得褒扬的梦想。

俞敏洪最初不是一个农家子弟吗？他连续三次高考，屡败屡战，终于考上北大，毕业后成为北大的英语教师，后来辞职涉足民办教育，开展英语培训，创立了新东方教育科技集团，企业在美国纽约成功上市。没有一定要创业的梦想，又哪有今天的总裁俞敏洪呢。

每个人都有自己的梦想，如果我们每天努力一点点，不要偏离追梦的方向，那么一定会到达成功的彼岸。因为在这个世界上，根本没有过不了的河，没有走不完的路，也没有爬不完的山。梦想会开花，问问自己，今天努力了吗？

努力投入进去才能有所成就

从默默无闻的乡村木匠到蜚声海内外的艺术大师，齐白石大器晚成，实现了人生的飞跃。齐白石小时候就喜欢用树枝在泥地上写字，后来进了私塾学习，就背着老师在描红纸上涂鸦。喜欢涂鸦是小孩子的通病，我家里的墙壁上，女儿就随心所欲地画了很多线条画。不过我知道，女儿肯定成不了画家，那不过是她表达自己思想的一种形式罢了。果然在她八九岁时，女儿就不愿意在墙壁上画画了，她的兴趣已经转移了。

然而齐白石不一样，他从小就喜欢画画，而且矢志不渝，直至“上瘾”，这样的人想不成功都难。在他 8 岁那年，隔壁同学婶娘生了孩子，产妇家的房门上，照例挂着一幅雷公神像，驱魔辟邪。这种神像笔法粗糙，是乡里的画匠用朱笔在黄表纸上画的。齐白石越看越有趣，很想模仿着画几张。放晚学后，他取出笔墨砚台，对着产妇家的房门，在写字本的描红纸上，画了起来。可是画了半天，也没有画好。谁都不知道雷公究竟在哪儿，他长得究竟是怎样的相貌。齐白石依着神像上面的尖嘴薄腮，画来画去，却画成了一只鹦鹉似的怪鸟脸，看看实在差距太大。齐白石没有灰心，想出一个办法来。他搬来一只高脚木凳，站在上面，用薄竹纸覆盖在画像上面，用笔勾影。画好了一看，跟画像上的差不多。第二天带到蒙馆，同学都夸他画得好，纷纷请他画雷公。于是他又蒙着画了十多张，从此对画画产生了浓厚的兴趣。

之后，齐白石就撕了写字本，裁成两半，学着在室外画速写。他最先画的是一位钓鱼的老头，画了很多遍，把老人的面貌身形，都画得很像，连老人都有些惊奇。接着，他又大量地画花卉、草木、飞禽走兽、虫鱼等，凡是眼睛里看见过的东西，都把它们画出来。对于雷公这类的神像，因为属于神话人物，不能像花鸟虫鱼那样写生，他逐渐失去了兴趣。

不过这样一来，齐白石的写字本就不够用了，这一点让做私塾教师的外公很生气。他生怕齐白石把写字这样的大事耽搁了，于是外公经常呵斥他："只顾着玩，不干正事，你看看！描红纸白费了多少？"齐白石儿时家境是非常窘迫的，家里只有几间破屋，勉强遮风避雨；一亩水田，每年所产粮食，根本不能糊口。父亲、祖父都得外出做短工帮补家用。如果不是外公开蒙馆，齐白石甚至连书也读不上。祖母也经常数落他："三日风，四日雨，哪见文章锅里煮？明天要是没了米吃，你看怎么办呢？"贫贱人家百事哀，齐白石也知道外公、祖母为他好，于是不敢再撕写字本了，但是画瘾戒不掉，就到处去找包装纸来练习画画。

在外公的私塾里，尽管不交学费，但是齐白石也没有待够一年。家里人手不够，母亲让他在家帮忙干活，但是对于画画，齐白石一直没有间断过。后来在做雕花匠期间，齐白石无意中得到了一本《芥子园画谱》，经常临摹，画艺更加突飞猛进。

画画能上瘾，戒也戒不掉，我想这正是齐白石能成为大师的原因。如果我们都能像齐白石那样，**干一行爱一行**，何愁不能成为这一行的专家呢？

为自己寻找一个对手

那时我在县城上初中二年级，期末考试前的一个月，班主任张老师让我们在同学中找到一个竞争对手，争取在期末考试的综合考评中超过他。这个对手并不是匿名的，而是彼此都知道。因为在班会课上，我们会当着全班的面把自己对手的名字念出来。起初大家都有些不乐意，觉得这样似乎会伤同学感情。但是张老师说必须这样做，不然他就不愿意接我们这样的差班。

我们班部分同学来自乡村，是考进来的，而一些城区的同学，却是利用各种关系挤进来的。这些人学习习惯差，我行我素，每科老师上课都觉得棘手。初二上学期，班主任换成了张老师，在他的约束下，我们班的情况有所好转。说到竞争对手，每个人都不一样，比如我是学习委员，成绩始终在班级的前五名，那么我的竞争对手就是第一名的同学。当然你的竞争对手不能跟你差别太大，一般就四五名吧，有点心理学中“跳一跳就摘到桃子”的意思。

自从在班上宣布了竞争对手后，大家在学习上你追我赶，在期末考试中爆出了冷门，我们班的综合平均成绩一下子跃升到年级前列。而我更是尝到了甜头，由班级的前五名，变成了年级的前五名。要知道，整个年级有五百多个同学，这样的成绩是相当不错的。这时，我们才体会到张老师的良苦用心。

在班级的庆功会上，张老师给我们讲了一个故事：在秘鲁的国家森林公园里，生活着一只年轻的美洲虎。由于美洲虎是一种濒临灭绝的珍稀动物，全世界也只有十几只，为了很好地保护这只美洲虎，秘鲁人专门开辟了一块五十多平方公里的森林作为虎园。虎园里沟壑纵横，森林茂密，并有许多人工饲养的动物供美洲虎食用，生活条件极好。许多游人说，这里简直是美洲虎生活的天堂。然而奇怪的是，美洲虎在这样的生活环境中却从来没有展示过自己的王者风范，整天一副无精打采的样子，吼两嗓子都少见。为了改变这种状况，饲养人员想了好多办法，却都不奏效。饲养人员去请教一位动物学家，他考察了老虎的生活环境后，建议在虎园中再放一只让老虎感到有敌意的动物。饲养人员采纳了建议，把一只豹子放进了虎园。这一招果然管用，自从豹子被放进虎园的那天起，美洲虎不是高声咆哮着冲向山顶，就是虎视眈眈地巡视和游荡，那种威猛刚烈、霸气十足的本性又被重新唤起。

讲完故事，张老师说道，在我们每个人的心底，都生活着一只老虎。要想唤醒这只沉睡的老虎，只需要给自己找个对手就行了。人生是一场马拉松比赛，有了对手，才会有挑战，才会使比赛更加激烈；有了对手，才会使人激情满怀，信心百倍；有了对手，才会有压力、有危机感，从而不断地充实自己、完善自己。

在武侠小说中，有些侠客，终其一生都在寻找对手打败自己，在不断的挑战中，他会觉得自己很有成就感。如果没有对手，他会觉得很孤独、很郁闷。的确这样，**人生永远需要一个对手，只要不断地超越对手，超越梦想，你就能登上成功的巅峰，享受一览众山小的人生辉煌。**

伤害是你走向成功的助力

高中毕业后，她没有考上大学。她一度十分消沉和沮丧，因为同龄的那些玩伴都考上了大学或中专，到外地就学去了，而自己曾经是邻居们眼中的乖乖女，却因为几分之差与大学失之交臂。父母劝她复读，她考虑再三拒绝了，也许自己这辈子就这命，那就认命吧！

父母托人找关系，为她在煤矿谋到了一份差事，在印刷厂做工。这个煤矿是省属大型国有企业，主营业务是采矿。她非常珍惜这来之不易的机会，很快熟悉了印刷厂的各种业务，成为厂里难得的业务精英。领导见她踏实肯干，就让她做了集团印刷厂的厂长，手下管着四五十号人。

那是十五年前，她刚满 35 岁，正是风华正茂的年纪，浑身都有使不完的劲儿。厂领导的信任让她信心百倍，她已经不满足于只是承揽煤矿的业务，因为那样的业务毕竟有限，会导致机器的闲置，她觉得很可惜，于是制订了营销奖励制度，发动全厂员工利用自己的人脉招揽各种印刷业务。这一招可真有效，调动了所有员工的积极性。

对外的印刷业务，那就得根据客户的要求，说好什么时间完成，就得什么时间完成，不然就会失去信誉。然而印刷厂是国企，有些员工不乐意了，说他们要照常休假，不想加班。她没有办法，就开始苦口婆心地给员工做工作，并且守在车间和员工一起加班。

那时的煤矿集团，因为体制的关系，经营不善，人浮于事，很多部门发不出工资，或者减少了工资。只有她领导的印刷厂，业务蒸蒸日上，在集团一枝独秀。

因为拓展业务的需要，印刷厂迫切需要安装一部固定电话，这样可以和客户直接联系。以前也有电话，但是总得从集团总机转一道，很多客户不胜其烦，向她反映过多次。安装一部电话需要五千多块钱，而当时一个普工的月薪也就八百块左右。她给领导打了报告，亲自送到集团领导的办公室去请示。领导不置可否，顾左右而言他，意思是集团拿不出这些钱来。她赶紧改口说，这笔钱可以由印刷厂来垫付，只需要领导批示同意就成。领导似乎答应了，说需要研究一下，让她明天等回话。

第二天，办公室告诉她，经研究，集团不同意印刷厂单独安装电话，因为没有这个先例。听到这个答复，她关上办公室门，大哭了一场。安部电话，并不是为了自己享受，而是拓展业务的需要，集团领导清楚得很。为什么不同意？不就是个级别的原因吗！因为只有集团领导，才有单独的办公电话，而一个小小的印刷厂厂长，提出这样的请求，无异于在挑战集团形成的那种固有秩序，这是他们绝不能容忍的。

于是，她历尽艰辛，提出辞职，自己下海从零开始。十五年后，她成了当地赫赫有名的印刷厂老板，业务做得风生水起，还当选过当地的劳模和人大代表。

她满含热泪地说，这些年来，我殚精竭虑，就是想证明自己的能力。如今我成功了，回顾过往，我要感谢那些曾经伤害我的人。因为**所有的嫉妒都是动力，所有的不公都是机遇，所有的中伤都是牵引。无论哪种力量，只要使你向上，你都要心怀感谢，这就是我们的真实人生。**

生命从不绝望

无意间在网上看了一期浙江卫视的《中国梦想秀》，认识了无臂女孩杨佩，一位被称为“东方维纳斯”的姑娘。杨佩在节目现场，为观众表演用双脚绣十字绣，从穿针引线到作品的完成，她做得不比健全人差。杨佩自强不息、不等不靠的生活态度，博得了满堂喝彩。主持人动情地说：“**灾难在给你带来痛苦的时候，其实也会给你常人所没有的才能**，所有的赞美给你都不为过！”

杨佩虽然是一个失去双臂的残疾姑娘，可她脸上没有一丝阴霾，她传递给大家的都是阳光的笑容，乐观的心态。杨佩的经历，让我们明白了什么叫作坚强，什么叫作知足。杨佩虽然没有双臂，可是却学会了做饭、洗衣、炒菜等家务活，在日常生活方面，跟常人无异。然而为了学会这些生存技能，杨佩付出了艰辛的努力。

杨佩 9 岁那年不幸遭受电击致残，生活不能自理，只能辍学在家。父亲远走他乡打工，母亲忙里忙外，累得满身是病。为减轻妈妈的负担，杨佩决定尝试着用脚吃饭、穿衣、做家务。刚开始，笨拙的双脚根本不听大脑的指挥。为训练腿部灵活度，她每天练习劈叉，豆大的汗珠常常浸透衣服；为让脚趾“听话”，她每天跑到河边用脚趾夹起石块扔向远方，脚踝肿了，脚趾磨破了，仍然不肯停下歇息。

妈妈心疼她，说：“好女儿，妈求你不要折磨自己了，脚怎么能代替手呢？只要你好好活着，我会照顾你一辈子！”杨佩说：“我可以做些力所能及的事情，要不然我跟死人有什么两样？再说你也不能照顾我一辈子啊，等你老得动不了了，我该怎么活下去啊！”她的倔强和自强感动了母亲，不再刻意限制她的训练。为学知识，她跟着小自己两岁的弟弟识文习字，家里一台 14 英寸的黑白电视机也成为她最亲密的伙伴，在并不清晰的屏幕上，她学会了唱歌和识字。凭着执着与坚韧，三年后，她具备了基本的生活自理能力，加上知识浸润心灵，性格逐渐变得开朗而乐观。

与此类似的还有刘伟，一个同样失去双臂却能用双脚弹钢琴的青年。在《中国达人秀》的舞台上，面对评委的赞誉，刘伟只是淡淡地说：“我的人生只有两条路，要么赶紧死，要么精彩地活着，没有人规定弹钢琴一定要用手。”“没有人规定弹钢琴一定要用手。”刘伟的这句话掷地有声，这就是一个失去双臂的青年的人生宣言。失去了双臂，我们还有双脚，我们可以用脚煮饭、炒菜、吃饭、弹钢琴、绣十字绣，凡是健全人能做的，残疾人经过训练，照样能够做到，而且可以做得很出色。

生命从不绝望，因为她总是青睐那些自立自强的人士。跟杨佩和刘伟相比，那些四肢健全、成天宅在家里的啃老族应该感到汗颜。有手有脚有条命，你们的生命为什么就那么黯淡无光呢？

不要让挫折压倒你

我业余喜欢写点文章，看着自己不经意间写下的文字能在报刊上变成铅字，那种内心的喜悦真是难以言表。起初自然是在稿纸上写，装进信封给报刊社寄过去。现在托科技的福，在电脑上写作，再用电邮给编辑部发过去，比过去省事多了。

前不久第一次写了个短篇小说，给心仪的文学杂志发过去，几天后去看，收到的只有自动回复，没有编辑的意见，估计八成没戏了，心里顿觉十分怅然。不过想起上次参加某文学期刊的改稿会，一位编辑告诫说，编辑部每天要收到数百份稿件，如果编辑能够有耐性看完你的第一段，那么你已经算是非常幸运了。因为一个资深编辑，仅凭作者文章的一句话，就可以判定一篇文章的好坏。其实投稿、退稿和发表本来就是一个作者生活的常态，又何必放在心上呢？想到这些，我又释然了。

今日闲来翻张恨水所著的《写作生涯回忆》，我发现号称“民国第一写手”的大作家也遭遇过退稿。那还是张恨水初出茅庐的时候，他当时不到二十岁，父亲突然去世，家道中落。母亲独木难支，家里人口又多，一时竟然连张恨水的学费也快缴不上。张恨水在学校穷得连洗衣服的钱也拿不出来，就寻思着在文学上找点出路。民国初年的大中专学生，因为念过私塾，国文程度都不错，张恨水更是其中的佼佼者。他喜欢看《小说月报》，在背页的广告上，发现了征稿启事，稿费是千字三元。民国初年一元钱可以买三十斤上等大米，这千字三元的稿酬相当诱人，按米价折算，大致相当于现在的千字三百元。

那时张恨水就读的垦殖学校正因闹风潮而停课，于是他就在理化课堂上偷偷地写起投稿的小说来。三天工夫，张恨水完成了两个短篇。一篇是《旧新娘》，文言文的，大约三千字。一篇是《桃花劫》，白话文的，约四千字。前者是一对青年男女的婚姻乐事，是喜剧，后者是孀妇自杀的悲剧。完稿后，张恨水也没有请任何同学帮着斟酌一下，就直接投给了商务印书馆的《小说月报》编辑部。张恨水没有抱多大希望，因为当时能在《小说月报》上发稿的都是成名的作家，他不敢奢望自己的作品能被选上。

出乎意料的是，四五天后，张恨水就收到了编者恽铁樵先生的回信，信里并没有稿子，可见不是退稿信。信上说，稿子很好，十分钦佩，容缓选载。恽先生的回信让张恨水欣喜若狂，就告诉了要好的同学，自己即将在《小说月报》上发稿，实在是了不起。可是恽铁樵的一句“容缓选载”，一直缓了十年，直到他将编辑工作移交给沈雁冰，也没有把张恨水的两个短篇登载出来，稿子就这样被打入了冷宫。

十年的杳无音信，足以击垮任何一个文学愤青的自尊，可是张恨水没有。英雄自有用武之地，二十四岁那年，张恨水已经成为安徽芜湖《皖江报》的总编，开始编辑副刊，在各地副刊上连载中长篇小说了。因为坚持不懈、勤奋努力和才华横溢，张恨水逐渐成长为民国第一畅销言情章回体小说作家，一生创作了 120 多部小说和大量的散文、诗词、游记等，总计约三千万言，现代作家中无出其右者。

要在乎未来

6 岁那年夏天，晚饭后一家人陪伴祖母在家里的小院子纳凉聊天，叔叔告诉他们城中的老板如何富有，人们估计他有 20 万枚龙银的总资产。祖母低沉地自语道，不知他们哪一代的子孙，才可能像别人那样。这是一个老百姓期求安逸的平常盼望。在 1934 年的民国时代，资产 20 万已经算是巨富了，因为当时上海工人的月薪仅为 20 元左右。

78 年过去了，祖母早已离世。他多次在扫墓时，倚在祖母的墓上，低声地向她汇报，她当年的愿望，自己已经做到了。他就是 1928 年出生于潮安的华人首富李嘉诚。出身于贫寒人家，起初勉强混个温饱而已，然而谁又能想到，若干年后，他会建立自己的商业帝国，成为华人首富呢?

“我很在乎未来！”这是李嘉诚经常挂在嘴边的一句话，一个人没有未来，那么这个人就完了，就是芸芸众生中的一分子。李嘉诚在年轻时，多次拒绝放弃理想以换取“无发展空间”的眼前安逸。他一直深信，**如果世界上有任何“成功秘方”，其中最关键的元素必定是你对成功的欲望远远大于对失败的恐惧**。这心态像是刀锋，锐化你对什么是“可能”的触觉和激发你的梦想；这心态像是预警系统，令你对自满情绪和停滞时刻警惕，令你审慎律己、敢爱、敢说实话、敢当万绿丛中那点红。

我曾采访过一位本土歌手，他来自一个偏远山区，地方口音非常浓重，和普通话差距很大。虽然一直在学校里读书，但是因为师资条件限制，老师的普通话水平也不高。这样的老师又能教出怎样的学生来呢？学生们能把数理化学好就不错了，至于声乐艺术，那是想也不敢想的事儿。

他天生一副好嗓子，对唱歌有着近乎疯狂的偏爱，而且不管什么歌，听两三遍就能有板有眼地唱出来。作为小学老师的父亲，很早就发现了他这方面的天赋，一直希望他在音乐上能走出一条路来。可是父亲没法教他，更不用说请老师来教了，因为微薄的薪水除了养家糊口已经所剩无几。好在当地人普遍喜欢唱山歌，本家叔叔就是其中的佼佼者。叔叔走路唱，干活唱，甚至做饭也在唱，那状态就跟“大衣哥”朱之文成名前差不多。连崔健的《一无所有》，或《小白杨》这样的军旅歌曲，叔叔都能吼上一嗓子。每次叔叔到家来，就是他家最高兴的日子。父亲用录音机将叔叔的歌声录下来，放给他听。几年下来，积攒了不少歌曲，这样他就能一直感受到音乐的魅力了。

随着掌握的声乐知识和技法越来越多，他逐渐在学校举行的各种音乐会上崭露头角，成了广为人知的校园歌手。有时候，大家不记得他的名字，就用他经常演唱的《小白杨》来称呼他。“你看，‘小白杨’来了！”或者“这就是‘小白杨’！”这样调侃似的称呼，实际上是同学们对他声乐实力的最高评价。大学毕业后，他已经成了本地广为人知的歌手，人称“民歌王子”。他就是李继斌，刚进入四川省乡村歌手大奖赛决赛。一条音乐的星光大道，已经展现在他的面前。

要在乎未来，李嘉诚是这样，李继斌也是这样。**不管你这辈子在某个领域成就如何，如果你不在乎未来，那么你将没有未来。**

知识可以改变命运

小时候，我非常喜欢看书，但那实在是一个书籍匮乏的时代。家里只有夜校课本，是那种设计非常粗劣的扫盲书：蓝色的书页，配以少量的插图，以农村的生活场景为主。在那些农闲的日子里，我们打开堂屋门，让光线漏进来。母亲在门口处缝补衣服，而父亲则拿出那本夜校课本，指着上面那些图片和汉字一个一个地教："人，口，手。"我则模仿着父亲的声调，用脆嫩的嗓音说道："人，口，手。"就这样依葫芦画瓢，我在读幼儿园之前，学会了三百来个汉字。可惜我只会认不会写，这一点曾经让我非常沮丧。父亲安慰我说："不急不急，我也是只会认不会写。但是我小时候家里穷，根本没有机会读书，写字都是用树枝在地上划拉。你们现在条件好了，上学后有老师专门教，可得攒劲读书啊，将来才能出人头地。"

那时农村正处在变革的前夜，作为生产队长的父亲在农村较有权威。大队经常开会学文件，传达中央的政策；乡亲们分家或者遇上纠纷调解，父亲都得出面。有时没有理由，也有人邀请父亲去吃饭，我也经常跟在后面。走在路上，看见不懂的，我就会问父亲这是什么、那是什么？虽说父亲文化不高，仅上过三个月的夜校，好多字都认得写不得，但是他走南闯北几十年，还是足够我学习的。父亲总是倾其所有，把他知道的知识告诉我。在那些很随便的家宴上，父亲和乡亲们谈笑风生，一些矛盾往往几句话就处理好了，接下来大家就天南地北地胡侃，反正吹牛不上税。大人们的谈话，有些听得我目瞪口呆，因为这和幼儿园老师讲得很不一样。有时我问父亲，父亲也支支吾吾地故意岔开话题，总是说等你长大后就知道了。那时我就想，要是我能拥有一些书籍该多好，我可以从书里寻找答案，再也不用问大人了。

有时我觉得，识字太早也是一件痛苦的事情。因为你的求知欲越来越强，可是你却找不到书籍来看。那时到亲戚家串门，我第一件事就是问他们，有没有书借给我看一下，可是我得到的答案往往是否定的。那时的农村，刚刚解决温饱，书籍这些金贵的东西，实在是珍稀之物。只有外公，他是我们家族中当时文化最高的，家里还有少量藏书。外公把他的那本《三国演义》借给了我，这让我如获至宝。到小学三年级时，我已经把《三国演义》读了几遍，有些故事也能讲给大家听了。在那些没有通电的日子，夜晚整个院子里的人都聚在一起聊天。邻居中有参加过抗美援朝的，有参加过中印边界战争的，他们都有讲不完的故事，大谈自己抓住了多少俘虏。我们家没有人当过兵，父亲不甘示弱，就让我给大家讲三国故事。好多故事我都烂熟于心，就模仿广播里那些讲评书的，绘声绘色地给大家来几个段子，往往能博得满堂喝彩。如此反复，我的胆子越来越大，一点也不怯场，讲故事倒成了我的专长。

因为读书，我考上了大学，找到了一份体面的工作；因为读书，我爱上了写作，成了一名业余写手。晴耕雨读传家久，如今我也把读书的好处讲给了我的女儿听，希望书籍给她插上理想的翅膀，让她飞得更高更远。

在远见的背景上绚烂

童年时跟着父亲学下象棋。摆好棋盘后，父亲就开始在楚河汉界上示范:“马跳日、象走田，车跑直线。”原来下象棋这么简单。父亲还没教完，我就迫不及待地说:“我会下棋了，干脆我们直接对阵吧！”父亲沉吟半晌，微笑着接受了我的挑战，并且慷慨地让我半边兵马。谁曾想几个回合下来，我就被父亲杀得丢盔弃甲，而我的战利品不过几个小卒子而已。

这样的结局直接摧毁了我学象棋的信心。父亲开导我说:“下棋得有远见，走一步就得想好后五步怎么办。而你光顾着吃我的小卒子，满足于一时的小胜利。”

“下棋得有远见。”父亲的话我咀嚼了很久也只是似懂非懂。后来我去县城读初中，初三毕业前夕，班主任张老师让我们填升学志愿，我面临着读中师或者继续读高中的选择，当然我也可以选择去广东打工。

继续读书还是辍学打工，这样的选择让我左右为难。我拿不定主意，去求班主任张老师，让她帮着参谋。张老师考虑再三却拒绝了。她严肃地说：这是你人生的第一个转折点。填志愿非同小可，还是回去和家长商量吧。

从县城汗涔涔地走回家，已是傍晚时分。父亲从建筑工地上回来，正坐在马扎上抽旱烟。我在县城读书，每年要花近千块。为了凑足我的学费，父亲经常低三下四地求人，说尽了好话。母亲看不过，索性让他把纸烟戒了。父亲无奈，就自己种点叶子烟过瘾。

父亲老远就看见了我，他惊奇地冲我嚷："老三，今天才星期四，你怎么就回来了？"两个哥哥在厨房里剥黄豆，准备晚饭。他们听见父亲的喊声，也跑出来看我。大哥在乡中学念到初一就辍学了，他说念书头痛，死活不肯再去。二哥去年初中毕业考中专，差三分落榜了。父亲让他去读高中，将来考大学。可是二哥说高中毕业没考上怎么办，书就白念了，还是回来打工好。

我把回家商量填志愿的事情告诉了父亲，他一下子紧张起来，赶紧把全家人召集到一起讨论。父亲坚决反对我辍学去打工，他说打工现在是能挣点钱，可是将来年纪大了怎么办？我们做人做事不要只顾眼前利益，眼光要放长远点，多读点书肯定不会错。

讨论结果直到半夜才出来。父亲仍然觉得高中好，将来可以考大学，发展空间大；而母亲觉得中师保险，当老师也不错，虽说挣钱少点，可也是跳出农门，将来老了还有退休金。最后他们让我拿主意，我不忍心看着父亲为我千辛万苦地筹措学费，毅然选择了中师。

七月中旬，中考结果出来，我以超出录取线 10 分的好成绩被师范录取，学费很少，据说还补贴生活费。后来我中师毕业成了一名教师，拿着微薄的薪水，过着波澜不惊的生活。但是我仍然很知足，因为一份稳定的工作，让我免去了奔波之苦。

有时候，我常常想起父亲说过的话：**下棋得有远见，做人做事都得这样。**这句话尽管平常，可是却让我受用一生。**远见是对人生的一种谋划，是一种明智的选择。让我们都来做一个下棋的高手吧，走好人生的每一步，在远见的背景上展现生命的绚烂容颜。**

为了梦想勇敢奋进

1923年，当一个美国中西部的年轻艺术家努力让他的第一次电影制作事业起飞时，他向他的叔叔借了500美元。叔叔坚持要求用现金偿付而不是获得企业的所有权。这位年轻的艺术家，就是迪士尼公司的缔造者华特·埃利亚斯·迪士尼。如今，迪士尼公司已经成长为世界知名的跨国公司，主要业务包括娱乐节目制作、主题公园、玩具、图书、电子游戏和网络传媒等。如果华特的叔叔活到现在，如果他坚持以迪士尼公司的股票偿付而不是现金，那么他曾经投资的500美元现在已经价值约十亿美元了。但世界上的先知寥若晨星，他叔叔怎么会预见华特的事业会取得如此成就呢？

“我只希望人们不要忘记一件事，那就是一切都开始于一只老鼠。”这只老鼠就是全世界妇孺皆知的卡通角色老鼠米奇。1952年11月，华特的彩色卡通片“米老鼠系列”获得了奥斯卡金像奖，这为华特带来了巨大的财富和声誉。米老鼠可能居于迪士尼众多成功的动画形象之首，但迪士尼拥有的远不止一只老鼠。没有哪家公司能像迪士尼一样，在以不稳定、不可靠而著称的娱乐行业里得到稳定的发展、不俗的成长和多方位的拓展。

“我有梦想，我依靠我的信念检验我的梦想，我敢于承担风险，并且执行我的愿景计划去实现这些梦想。”当有人问起华特的成功之道时，华特这样解释。的确如此，梦想、信念、勇气、行动，这八字箴言贯穿于迪士尼几十年的成功之路，也是迪士尼公司的企业文化精髓所在。华特做的每一件事，做出的每一个选择，实行的每一个战略措施，都是由这八字箴言发展而来。这八字箴言体现在迪士尼公司训练、授权它的员工，增强创造力和创新意识，以及为它的客户提供服务的方式。

1940 年 2 月，《木偶奇遇记》正式公映，《纽约时报》大赞它是“有史以来最优秀的卡通片”。但鲜为人知的是，《木偶奇遇记》曾遭遇难产。当时光是打造木偶制作人杰佩托和他的“儿子”匹诺曹的剧本就花了六个月。动画师小组把这个精雕细琢、耗时耗力，跟真人差不多的木偶形象创作了快一半的时候，华特突然叫停。他说，匹诺曹看上去太呆板了，而小蟋蟀的样子像个曲棍球。虽然已经耗资 50 万美元，但华特毅然决定将之前的努力放到一边，跟动画师沟通后，整部影片返工重做直到满意为止。《木偶奇遇记》被叫停，完全是因为这部电影达不到华特的一个原则——他对优秀的坚持。“没有最好，只有更好”，谁都会说这句话，但华特真正把它落实在了企业的经营上，他不打算跟“良好”妥协，他是一个标准的完美主义者。《木偶奇遇记》在制作完成之前就已经花了 300 万美元，尽管付出了高昂的代价，但这部动画片精练的动画制作、技艺以及所达到的艺术高度，已经使影片成为经典，完全是物超所值了。

“梦想、信念、勇气和行动”，这八字箴言成就了迪士尼公司。仔细想想，其实这八个字也适合每一个正在追求梦想的个体，不信你试试？

人生岂能无管弦

在 1949 年的法国乡村，马修先生，这位过气的音乐家找不到用武之地。为了谋生，不得不来到一所寄宿制男校，做起了代课教师。

这所男校全部是难缠的问题儿童，年龄不一，可是个个调皮捣蛋。马修的第一堂课就不平静。孩子们叫他秃头，在黑板上给他画像，甚至把他的公文包在教室里丢来丢去，弄得马修没有一丁点儿师道尊严。然而马修并不气馁，他始终坚信这些孩子是可以改好的。而他的方法，就是用音乐来打开孩子们封闭的心灵。

马修不断地给孩子们作曲，并且教他们演唱这些歌曲，甚至还成立了一支像模像样的合唱队。虽然这支合唱队不断受到校方的干扰，多次被要求取缔，可是马修和他的孩子们仍然坚持了下来，并且逐渐名声在外。到最后，那个唱歌特别棒的孩子莫翰奇，成长为世界著名的指挥家，受到世人敬仰。作为启蒙老师，马修功不可没，是他用音乐，用自己的真诚和爱心，将一粒粒顽石变为一颗颗璀璨夺目的钻石。

这就是音乐的力量，音乐成了改变那些孩子终生的魔法棒。**生活中很多东西都是可有可无的，但是如果没有音乐，那么我们的生**

命就会变得暗淡无光。真诚借助音乐的力量，可以抵达每个人的内心深处，个人的肤色、学历、年龄和性别，都不能构成阻碍音乐交流的障碍。

我这人嗓子不好，很多高音唱不上去。当朋友约我出去唱歌时，我常常借故推辞。因为我知道，到了练歌场，我只能做个角落里的看客，看着别人成为麦霸而暗自伤怀。我常常问自己，到了练歌场，除了鼓掌，我还能做些什么？

后来也许是缘分，我遇上了一位朋友林，他会吹笛子，而且吹得犹如天籁之音。那天晚上，我到林的宿舍去串门。闲聊中谈到音乐，林拿出一支紫竹笛子，一看就有些年数了。林问我会吹笛子吗，我说我不会，但是听听还是可以的。

因为父亲喜欢笛子曲，家里曾经有很多磁带。父亲下班回来，就打开录音机放笛子曲，而他经常是微闭双目，手指在沙发扶手上打着节拍。父亲乐在其中，音乐成了他解乏休整的秘方。那些经典的笛子曲，丰满着我的童年生活，让我至今都难以忘怀。

林说，那你听听我吹得怎么样？我说，好啊，我不会吹但我可以欣赏啊！林吹了《梅花三弄》和《荫中鸟》，虽然没有伴奏，没有其他乐器的烘托，但是林的笛子曲可谓是余音绕梁，让人叹为观止。师傅就在眼前，我丝毫也没有犹豫，当即就让林教我吹笛子，林爽快地答应了。

经过数年的磨炼，我现在也能吹奏笛子了。技术虽然算不上炉火纯青，但是自娱自乐还是绰绰有余，有时还在单位的舞台上秀一把，赢得一些掌声。现在我除了鼓掌，还可以卖弄一下自己的吹笛子的技艺。我觉得，音乐让我变得自信，也让我的生活增添了许多光彩。人生岂能无管弦，就让我们在音乐的熏陶中，像马修老师，像林和我父亲那样与音乐为伴，惬意地享受人生吧！

第二辑

成功是用努力
浇灌出来的

成功的花，人们只惊慕她现时的明艳！

然而当初她的芽儿，浸透了奋斗的泪泉，洒遍了牺牲的血雨。

陈伟鸿破茧成蝶，梦想花开固然值得我们羡慕，

但其幕后所付出的种种努力，却更加让我们汗颜。

我们总是抱怨自己怀才不遇，可是当需要我们振翅高飞的时候，

我们能成为那只翱翔蓝天的鸿雁吗？

破茧成蝶，梦想花开

1968 年，他出生于福建省晋江市。父母给他取名“伟鸿”。“鸿”指鸿雁，一种喜欢群居在水边的候鸟。鸿雁振翅高飞，能翱翔于蓝天。父母希望他要像鸿雁一样，志存高远。

出生没多久，他就和两个姐姐一起，告别闽南故乡，在三秦大地西安开始了童年生活。父母都是 20 世纪 50 年代毕业于中国矿业大学的学生，为了支援内陆，被分配到了西安的煤矿设计院工作。那时他常随工程师父母到工作地去。空旷的野地，满眼的黄土和深不可测的煤矿巷道，让他的童年与众不同。秦地地高多风，风卷黄土，一阵风过去，他常常会被呛到，感觉眼睛和耳朵中塞满了黄土，回到家照镜子，俨然一尊刚出土的秦俑。

1983 年，从福建走出去念大学的父母，离家十数载之后，终于作为厦门经济特区的引进人才返回了故乡，他也随父母回到厦门学习。父母的单位是厦门工业设计院，办公地点就设在鼓浪屿上的原英国领事馆，而他们家就居住在领事馆的后院。作为最早在厦门修筑领事馆的国家之一，英领馆占据了轮渡码头上地势最高的位置。这座历史感强烈的建筑并没有让他陷入对于过往的追溯，相反它成为一个特区少年体味生活、观察世界的制高点。每天只要他愿意，走出温馨的两居室的家，穿过凤凰木的树丛边缘，就能看到辽阔的海面，天风海涛，豁然开朗，仿佛一个隐秘的私家花园。三秦大地的苍凉，厦门临海的辽阔，这些大自然的因素，在他的脑海里打下了深深的烙印，让他从小就明白天外有天，人的追求永无止境。

那时他已经在厦门一中读书。他常常从父亲的书架上漫无目的地寻书来读，身为知识分子的父母藏书丰厚，这给他提供了丰盛的精神食粮。生活在鼓浪屿的学生要比其他同学幸福得多，如果海上有大雾或者台风，轮渡无法通行，他就有了正当的理由不去上学，从而窝在父亲的书房里尽情地看书思考，与哲人先贤对话。

在福建师范大学英语系就读期间，他积极参与社团活动，担任校园广播站的主力播音员，后来办起了系电台，采编播工作一肩挑。为了练好普通话，他拜新华字典为师，每天查拼音，一字一句，努力去掉闽南腔，做到字正腔圆。闽南人说好普通话的一大死穴，就是卷舌音。小时候考汉字注音，毛主席的“主”，他每次都要在“zu”和“zhu”之间纠结，铅笔字写了擦，擦了又写，最后交卷，改成什么，脑子中还是一团糨糊。大一的播音时光，字正腔圆成为他的主攻方向。每次轮到他的节目播出，他都会早早地从食堂打了饭回来，坐在宿舍外的走廊上，边听边吃，这成了一个雷打不动的习惯。他想听下，自己的播音有没有什么疏漏之处。正是这种严苛的要求，促使他的普通话水平迅速成长。

他就是陈伟鸿，2004 年开始担任央视《对话》栏目主持人，是央视最优秀的财经节目主持人。“我喜欢和世界精英的智慧碰撞，那是每周一次的头脑风暴。当《对话》成为许多人不能割舍的一场思想盛宴时，我很欣慰，大师们的智慧丰富了我们大家的智慧。”陈伟鸿如是说。

从一个“鼓浪屿的好孩子”，陈伟鸿逐渐成长为厦门电视台当家主持。**机遇总是青睐有准备的人。**2000 年，陈伟鸿放弃“厦门一哥”的优越生活，加盟央视《对话》栏目后，两度被《新周刊》评为“最佳财经节目主持人”。45 年的半世人生，13 年对话如流云过隙，政经要人轮番登场。惊鸿一瞥，瞥见的是这个时代最本质、最喧嚣、最激动人心的片段。陈伟鸿说：**“我们都是这世界的一瞥风景，而自己，也从别人的风景里审视世界。”**

作为一个知名节目主持人，陈伟鸿的事业一直很顺，除了那次失声。失声对于一个主持人来说是最大的打击，知名相声演员李文华因为喉癌失声，不就被迫退出了相声舞台吗？ 1999 年的厦门市八一建军节晚会开场没多久，陈伟鸿嗓子突然哑了，但他还是坚持主持完了全场。第二天，他几乎说不出话来，休养了一两个星期都不见好转。只要说上三分钟话，嗓子就彻底没有了声音。医生说，这都是由于工作劳累和用嗓过度造成的。那时陈伟鸿的情绪变得非常沮丧："我真的不能再走上主持台了吗？我真的不能再以主持为职业了吗？"好在经过长达半年的煎熬式治疗，他的声音慢慢恢复。否则，央视就会失去一个最优秀的财经主持人，这就是大家的遗憾了。

成功的花，人们只惊慕它现时的明艳！然而当初它的芽儿，浸透了奋斗的泪泉，洒遍了牺牲的血雨。陈伟鸿破茧成蝶，梦想花开固然值得我们羡慕，但其幕后所付出的种种努力，却更加让我们汗颜。我们总是抱怨自己怀才不遇，可是当需要我们振翅高飞的时候，我们能成为那只翱翔蓝天的鸿雁吗？

苦难是人生最好的老师

父亲在他两岁的时候就去世了，母亲改嫁给一个姓朱的人，他也跟着继父姓了朱。等他成人以后，知道了自己的家世，就告别了母亲到应天府读书。他读书异常刻苦，读到夜深时整个人疲劳极了，眼皮不由自主地往一起合，他就用冷水浇头，清醒了又接着读下去。每天清晨，他很早就起床淘米生火，煮一锅稀粥，等到凝结后用刀划成四块，早晚各吃两块，再切几块腌菜，用一些盐拌在一起就当作一天的伙食。这样的生活足足持续了三年。

在醴泉寺苦读三年之后，为了开阔眼界，增长知识，他又背上书籍，配上琴剑，风餐露宿，千里迢迢来到南都，进了当时著名的国家级学府“南都学舍”。在南都学舍期间，他仍像往常一样划粥而食，刻苦攻读。有个同学是留守的儿子，见他如此艰苦，就回去告诉父亲。其父听了很感动，吩咐儿子带些肉饭给他吃。可是他没有吃，这个同学很不理解地说道：“家父听说你清苦，特意叫我送给你一些食物，可你却不吃，是不是怕玷污了你的品德？”他回答道：“我很感激你们的厚意，但我吃粥已经习惯了。今天吃着这样好的食物，以后我还能吃粥吗？”在南都学舍，他不分昼夜地苦读，困倦了就用冷水洗脸浇头，实在困倦即和衣睡下，醒来继续攻读。有时他连每天两顿粥都吃不上，往往只到黄昏吃一顿，既是早餐，又是晚餐。就这样经过五年的勤学苦读，他终于考中了进士，走上仕途，成为一个颇有政声的有为官员。

他就是北宋著名军事家、政治家和文学家范仲淹，年少时划粥而食，刻苦攻读，终于得以实践自己“先天下之忧而忧，后天下之乐而乐”的政治理想。古人讲究学而优则仕，贫寒人家子弟除了读书考学，几乎没有改变家族命运的通道。科举制尽管有种种弊端，但在北宋时期仍然不失为选拔人才的一条公平途径。范仲淹成功了，因为他克服了苦难这道世界难题，享受苦难，把苦难踩在脚下，因而得以成功。范仲淹划粥而食，其精神价值不亚于悬梁刺股、凿壁偷光这些经典的求学典范，甚至跟“一箪食一瓢饮，在陋巷，人不堪其忧，回也不改其乐。贤哉，回也！”中提到的颜回有异曲同工之处。

“苦不苦，想想红军二万五；累不累，想想革命老前辈。”再苦再累，我们也没有红军二万五千里长征辛苦吧？苦难并不意味着永远苦难，幸福也不意味着永远幸福，所谓富不过三代就是这道理。**生活有时常常违反常规，以另一种形式出现在我们面前。在许多时候，幸福往往会变成一道减法题，一点点减去你的志气、奋斗和体魄；而苦难却成为一道加法题，不断累加着你的梦想、努力和汗水，**

累加起来，就拉上了成功的手。

人们最出色的工作往往是在逆境中做出的，思想的压力甚至肉体上的痛苦，都可能成为精神上的兴奋剂。美国曾抽查了 1000 位财富在千万美元以上的富翁，调查了他们的生活，结果发现，他们大都出生在普通人家庭中，甚至有一部分人的少年时期是在黑人聚居区度过的。生活有时真的像魔术，会变幻出令你难以置信的结果。**苦难是人生最好的老师。**

逆流也要勇敢前行

鲍勃的父亲有一家服装厂，这家厂子是他爷爷于 1918 年创建的。大学毕业后，鲍勃去给父亲打工，被安排在工厂车间上班，周薪 75 美元。父亲说："这就是你的工资，比你的价值高多了。"鲍勃的任务是打包，就像一条人力传送带，把服装从一个缝纫工那里搬到另一个缝纫工那里。鲍勃还负责锅炉的维修，甚至还压榨苹果酒，让它发酵成烈酒，和剪裁室的男人一起喝。和他们一起痛饮是长大成人的一种仪式，表明鲍勃和他们是一伙的，并不是公子哥儿。

黛比和鲍勃结婚时，鲍勃身无分文。鲍勃心里备受煎熬，父亲对他说："你可以去闯天下，比如推销我们的服装，因为你已了解了锅炉、电气系统、线轴、缝纫针、油桶等环节。甚至，你可以去建一家新工厂，制作我们从来没有做过的产品。"

不久后黛比怀孕了，鲍勃每周赚 90 美元，在当时就属于贫困水平。鲍勃觉得自己所知甚少，父亲就把他扔到了独立门户的路上，整整一年，他每天的睡眠时间不超过 4 小时。新工厂刚奠基，父亲被诊断出癌症晚期，三个月后就去世了。鲍勃感觉天都要塌下来了，仿佛自己也死了一般。鲍勃透过办公室的窗户盯着远处，到处都是工厂，阴冷暗淡，覆盖着厚厚的雪。鲍勃想，自己26岁了，已经有老婆，还有个快要出生的孩子。自己是家里的顶梁柱，必须坚持下去。

母亲告诉鲍勃，他大学毕业后，父亲就感到身体不适，医生说他活不了多久。但是他一直咬牙撑着，没有告诉家里人。因为父亲清楚地知道，儿子刚大学毕业，一切才从头开始。他必须要把儿子锻炼出来，具有独立生活和经管的能力，他才能离开这个世界。父亲就这么熬着，一直熬到癌症晚期，一直熬到鲍勃有所成就了，才放心地离开了。那一刻，鲍勃震惊了。原来对父亲还有些许抱怨，觉得他很残忍，谁知父亲用心良苦，一切都是为了自己能迅速成长。

后来，鲍勃在强手如林的服装界苦心经营，最终将家族企业发展成为本地行业内的巨无霸。父亲用心良苦，鲍勃最终成才。这种教育观，其实也曾经是国人所推崇的。“天将降大任于斯人也，必先苦其心志，劳其筋骨，饿其体肤……”能力在锻炼中成长，这本来是教育的基本规律。可是现在，随着独生子女越来越多，国人对子女多了娇惯溺爱之心，生怕子女累着苦着，其实这根本不利于孩子的成长。那天我在邮局办事，听见两个男青年的对话。一个瘦高个儿说：“现在工资简直不够用。我每天光抽两包烟，就是七十块。有时候跟朋友出去喝酒、唱歌、打牌等，还要耍对象，每个月起码消费五六千。”旁边的矮胖子说：“你们水泥厂，每个月也就三四千块。工资不够用，你怎么办？”“还能怎么办？只有让老妈赞助了！”瘦高个儿理直气壮地说。瞧瞧，这就是我们的年轻人，不以啃老为耻，反而视为理所当然，这样的群体还有希望吗？

生活会让我们所有人受到挫折和考验，老天会给我们寒露和秋霜，关键是你要经受住颠簸和曲折，然后毅然崛起，有所成就，这才是我们对生活和亲人最好的回报。

为失败颁奖

生活中，我们都不愿意面对失败，因为失败意味着挫折、倒退和承担责任。我们都喜欢成功，成功会带来鲜花、掌声和荣耀。可是成功不会天天有，这世界上的成功，都是从一次次的失败中拼出来的。成功的花，人们只惊羡它现时的明艳！然而当初它的芽儿，浸透了奋斗的泪泉，洒遍了牺牲的血雨。奋斗和牺牲是成功的前奏，我们如果不能意识到这一点，就永远无法闻到成功的花香。

失败不要紧，人生不如意者十之八九。关键我们要从失败中总结教训，这样才能避免下一次失败。失败是学习的机会，是上天对我们的眷顾，我们如果能够从失败中站起来，就会成为最终的强者。谷歌公司曾经有个副总裁桑德伯格，搞砸了一个大项目。她找到总裁佩奇承认错误，表示道歉。佩奇说：“我很高兴你在这个项目上失败了。其原因是决策过快、行动过快，而我们谷歌文化就是要鼓励快速行动。在互联网的世界里，慢一步就可能被对手抛在后面。我们宁愿因为快速行动而失败，也不愿意什么都不做。”佩奇的鼓励让桑德伯格深感欣慰，互联网上未知的领域犹如黑洞一般深不可测，谁能保证每一个项目都成功呢？谷歌就是因为不断试错、纠错，才能始终走在行业的前列。

实际上，有很多公司为失败颁奖，他们用奖励鼓励员工把工作中的失败说出来，让其他人引以为戒。这样做，实际上是花小钱办大事，别人犯过的错误其他人不再犯，这不是很好的结局吗？

有个公司经理是负责工厂安全生产的，要保证尽量不出事故。他们采取的措施，是出了安全事故要罚款。结果员工为了逃避罚款，如果出了小事故能瞒过去的话，就尽量瞒过去。这样欺上瞒下的结果，会形成恶劣的企业文化，最终会酿成大事故，那时悔之晚矣。后来这名经理改变了管理模式，为失败颁奖，鼓励大家报告自己的失败。起初，员工都有些不相信，认为经理在“引蛇出洞”，后来经过大会小会宣传，大家接受了这种新的管理方式，一些员工勇敢地把工作中的失误说了出来，结果经理没有责怪他，真的在大会上当众给予了奖励。榜样的力量是无穷的，更多员工说出了自己工作中的失败。经理把这些一一记录在案，经过深入分析，找出了失败的原因，然后修正了操作规程，让员工重新学习，最终提高了生产效率，避免了安全隐患。

给失败颁奖，不仅适用于职场，也适用于家教中。我们在教育孩子时，要多跟孩子交流，鼓励孩子说出生活、学习中的困惑和失败。例如女儿在本期的第一次月考中数学就考得不理想，年级排名靠后，她很着急、很自责。女儿把试卷带回家后很沮丧，我没有怪她，我们根据试卷逐题分析，是计算能力差还是分析题意不到位；是上课开小差还是老师讲课太快……经过与孩子沟通，我意识到他们这所重点中学，教师上课进度都很快，要想提高数学成绩，只有多付出时间来补习。女儿同意了，补习了一个月后，成绩上升了一大截，女儿对数学的自信心就提升了，学习就变得快乐了。**失败不要紧，从失败中勇敢地站起来，反思自己，我们才能告别失败，拥抱成功。**

成功的真谛

朋友杨在本地开了一家美容院，门脸不大，但生意还算将就。前几天，杨去广州参加公司组织的年度培训。她用短信和我交流，大倒苦水，说什么老板压单太厉害，简直叫他们没法生存；大家心里都不爽，整得自己晚上才睡了两个小时；晚上十一点多洗漱完毕，还有人叫你赶紧穿衣服起来谈公事；往日善良可亲的同事，现在也变得面目可憎……

杨的短信里充满了抱怨，我没有想到四天的广州培训，会把她的心情变得如此糟糕。对于美容业，说实话我不太了解。但是现在生活条件好了，很多女士都愿意去美容院做保养，希望以此来提升自己的形象。应该说美容业是个朝阳产业，没想到背后还有这么大的压力。

最后，杨问我，她觉得我现在取得的成就是她所望尘莫及的，希望我交流一下心得。杨是我的前女友，她自认为很了解我，没想到十年的时光把我磨砺成了这样一个人，让她有些羡慕和不解。怎么说呢？也许在普通人的心中，我的确算是有些许成就：自己在一个令人羡慕的单位上班，同时坚持业余写作，成了当地小有名气的作家，每个月的稿费单雪花般飞来。

可是谁又知道我们背后的艰辛呢？虽然全国有五六千种报刊，但是现在是全民写作的时代，有点文化都可以码字。为了让自己的文章挤上版面，获得些许稿费收入，我们得把自己变成一个杂家，也许上知天文、下知地理都是远远不够的。我们就像蜜蜂，除了在油菜花上采蜜外，那些桃花、梨花甚至野花我们都不能放过，只有这样，才能酿出香喷喷的蜜来。坚持了十年，对于写作，也算走出了自己的路子，每天在电脑上码字投稿成了我生活的常态。我把写作这种爱好变成了一种兼职，我成了写作的行家里手。是呀，这就是我的心得：**当你认准一件事，就努力把自己变成这一行的专家，人无我有，人有我精，虽然这其中难免会有一些曲折。**

杨回复说，我的心得让她吃惊，也觉得很经典。她回来以后，要把这句话当成座右铭写下来贴在墙上，每天提醒自己：选择自己热爱的职业，要做就做行业内的专家。

其实写作也好，美容业也好，道理都是相通的。七十二行，行行出状元。如果你成了这一行的状元，那么你就有了话语权和良好的口碑，还愁不会财源滚滚吗？这是一个看似浅显却深刻的道理。因为我父亲以前就告诫我：哪怕你擦皮鞋，擦出了水平，你收五十块一双的服务费，还是有人来照顾你生意的。

一个人认准了目标，那么就坚决不要放弃，向同行学习，向书本学习，向前辈学习。学习可以增加成功的概率，假以时日，当你成为这一行的专家，你就算成功了。1832 年，林肯失业了，这显然使他很伤心，但他下决心要当政治家，当州议员，甚至美国总统。林肯的政治生涯困难重重，他尝试了 11 次竞选，可只成功了两次，但他一直没有放弃自己的追求，他一直在做自己生活的主宰。1860 年，林肯当选为美国总统。

林肯遇到的困难你我都曾遇到。只要我们像林肯那样，面对困难不退却，不放弃目标，努力成为这一行的佼佼者，那么你就能收获成功的喜悦。

靠自己的力量达成目标

1952 年 2 月 2 日，正是朝鲜半岛南北战争时期，朴槿惠出生于今韩国大邱地区。父亲朴正熙是一名军官，经常调动，全家人居无定所，因此他们在多个地方待过。小时候，朴槿惠的生活与其他家庭没有什么两样。

1961 年 5 月，朴正熙发动军事政变推翻了李承晚政权，后成为韩国总统，其家人就搬进了青瓦台生活。朴正熙居住的办公楼为了省电没有安装空调，虽然有电风扇，但是他从来都不使用。夏天酷热难耐，朴正熙开着窗户办公，偶尔有苍蝇嗡嗡地飞进来，他顺手拿起办公桌上的苍蝇拍，打苍蝇。朴槿惠有时到父亲的办公处玩耍，看见父亲有电风扇不用，饱受苍蝇骚扰之苦，曾经打趣地说："父亲，你这个总统，有电风扇不用，怎么也像农夫一样拍苍蝇啊？"朴正熙正色道："我虽然身为总统，但是绝对不能奢侈。国家经济现在还非常困难，我们要带头节俭，能省一点是一点，过日子就该这样！"

朴正熙家的寓所地板使用多年，走上去咯吱作响，朴槿惠三兄妹特别喜欢在地板上蹦蹦跳跳，他们觉得听见那种声音很快乐，像走在雪地上一样。母亲陆英修看见了，非常生气，没有一个安静的居住环境，将直接影响朴正熙的睡眠质量。于是她吵着让朴正熙换处住所，谁知朴正熙明确地说不行，能用就暂时用着。于是陆英修做了些让步，要求将地板修理一下，这样只需要花少量费用就行了，朴正熙让她从工资中支取修理费。

陆英修叫来了修理工，准备对木地板动动手术。修理工正要修理地板的时候，陆英修想起了前天看到的棚户区，就打发修理工回去了。朴槿惠非常不解，就问道："换房子不行，修地板也不行，难道总统的家人就该受苦吗？"陆英修解释说："你父亲说得对，国家还很困难，人民生活还不富裕，我们要节俭。每次走在这样的地板上，我听着地板的咯吱声，就会想起那些棚户区的国民。这是一种警示，我们肩上的担子还很重啊！"

陆英修知道，朴正熙当官是偶然的，下台是必然的，最终他们还是要搬出青瓦台，回归平民生活。因此在教育子女时，陆英修尽量让孩子们跟其他孩子一样生活，绝对不要有什么特权意识和优越感。在父母的耳濡目染下，朴槿惠从来没有把自己当作总统的女儿看待，也没有什么优越感，**时时处处都向特权说不，反而赢得了大家的尊重。**

1963 年的一个早晨，在韩国首尔，一列每天经过圣心女子中学的电车上，一位女中学生正在欣赏车窗外的街景。列车售票员走过来，看见她穿着校服，胸前也带着圣心女子中学的校徽，就好奇地问道：“小妹妹，听说总统的女儿在你们的学校上学？”

“是的。”这位女生平静地答道。

“据说她是坐电车上学。”

“好像是。”女生仍然不露声色。

“那个学生学习好吗？有多高呀？”

“还可以吧！跟我差不多高吧。”

电车售票员和这位女生的谈话就此结束，这次谈话证实了一个传闻，那就是总统朴正熙的长女朴槿惠的确在圣心女子中学上学，而且经常乘坐电车，成绩不错。不过这位售票员没有想到，跟她谈话的这位女生正是朴槿惠。

1979 年 10 月 26 日，随着宫井洞内发出的两声刺耳的枪声，朴槿惠一下子成了一名普通市民。那一刻，朴槿惠的脑海中又浮现出初次入住青瓦台时的情形。那时的她就读于市中心女子高中，平时绝大部分的时间都在学校寄宿，回一次家很不容易。每逢她回家的日子，妈妈陆英修总是会忙前忙后地为女儿准备各种美味佳肴。

“妈妈，您不要总是这么费心张罗了，不然我们回到新塘洞后该怎么办啊？”新塘洞，正是朴正熙一家在入住青瓦台之前生活过的地方。每每想到母亲要回新塘洞的场景，朴槿惠总会提醒自己要抛却那些特权意识。彼时的朴槿惠虽然年龄尚小，但在她的潜意识里一直有这样一种清晰的自觉：总有一天她会再次回到新塘洞老宅。“我不是王室成员，我仅仅是前总统的女儿。”这是朴槿惠铭记于心的一句话。

“若是出生在一个平凡的家庭里那该有多好。有非凡的父母注定了要坎坷一生，愿心灵的平和一直陪伴我走过人生的每一年。”朴槿惠在日记中写到，但是我们什么都能选择，却怎么能选择父母呢？这是上天注定的安排，朴槿惠是韩国总统朴正熙的女儿，谁也无法改变。父母先后遇刺身亡，这种情况更是少之又少，从国之骄女沦为无依无靠的孤儿，但朴槿惠挺过来了，且获得了韩国国民的广泛同情，这也给她带来了超强的人气，为她通过选举再次入住青瓦台打下了基础。朴槿惠年少时处处向特权说不，反而锻炼出了卓尔不凡的能力，我觉得这是她成功的重要因素之一。

你的魅力在于你的努力

几年前的一天，美国的《晚间脱口秀》请来的人物是希拉里，能看到这台节目，缘于我好奇没有换台。从后台走出来的这位当时的国会参议员、美国民主党总统候选人、时任美国国务卿，笑容亲切，就像报名参加综艺节目有奖问答的家庭主妇，让人有种似曾相识的感觉。

“我的母亲因为我的祖母很苛刻，在她13岁的时候就离开家了。我十分以她为荣，因为我知道她已经尽其所能地保护了我们。”看得出来，在说这段话的时候，希拉里内心充满了对母亲的敬佩和感激。

不久前和几个朋友一起吃饭，当中有位加拿大人约克，二十出头。席间他颇为羡慕地对我们说，中国父亲很伟大，而他的父亲不称职。当时以为他是说反话，讽刺我们这些用父母钱自费读书的中国学生，可是听他解释后才发现完全是误解。他说他的父亲酗酒好赌，不认真工作，没有尽其所能去照顾家庭，导致他从小学毕业就开始自己打工贴补家里，以致现在他无论如何奋斗，却还是社会的中下层。约克谈到自己的父亲时，居然满脸的鄙视，那种表情是我从来没有在任何一个做子女的脸上看到过的。

希拉里可以对母亲如此敬佩，而约克可以对父亲如此嗤之以鼻。我想，两者家长最大的不同在于两个字：尽力。这“尽力”二字反映出做父母的一种责任，如果你尽力做了，那么你就能问心无愧。我小时候，家境贫寒，三兄弟都在念书，正是用钱的年龄。父亲没有技术，只好在工地上做小工，挣点辛苦钱。他成天和石灰水泥打交道，一双粗糙的大手一年四季都是皴裂的。虽然日子窘迫，但是在父亲的努力下，我们三兄弟没有一个因为交不起学费而辍学。我坚持读书，成了我们村里第一个大学生。父亲经常教育我们：“我尽力挣钱供你们上学，你们也要尽力争取考上大学。”虽然最终只有我考上了大学，但是父亲并没有责怪两个哥哥，因为他们都尽力了。

尽力是一个人们常常挂在嘴边的度量标准。这原本是一个颇为沉重的砝码，可悲的是人们往往在衡量自己的时候，把它的质量降到了最低。比如母亲打电话来询问考试情况，通常这是最心虚的时候。不过，幸好有人事先发明了“尽力”一词，于是便在上报分数后，面不改色心不跳、堂而皇之地加上“我尽力了”，既可免去母亲蓄势待发的责难，更可安抚自己三分钟疼痛的受挫心灵。然而，回想起来，努力也许是有的，不过只在临考前。父母尽他们所能给我们铺路，走在父母为我们点滴积攒出的路上，我们只有用自己的努力才能回报父母的尽力啊！

尽力做事的人是最美的，是值得敬佩的，是活出人生价值的。其实，有很多需要尽力的是天资不高的人，很多时候虽然尽力却不被发现。其实，不管别人怎么看，只要我们完成一项任务时，能心安理得地说句“我尽力了”，就是给自己最好的答案。

今天，请问：“你尽力做事了吗？”

最得意的作品

一天，大仲马得知小仲马寄出的稿子总是碰壁，便对小仲马说:“如果你能在寄稿时，随稿给编辑先生附上一封短信，注明自己是大仲马的儿子，或许情况可以得到改观。”

小仲马固执地说:“不，我不想坐在您的肩膀上摘苹果，那样摘来的苹果没味道。”年轻的小仲马不但拒绝拿父亲的声誉当作自己事业的敲门砖，而且不露声色地给自己取了十几个其他姓氏的笔名，以避免那些编辑先生们把他和大名鼎鼎的父亲联系起来。

面对冷酷无情的一张张退稿签，小仲马没有沮丧，仍在默默无闻地坚持创作自己的作品。他的长篇小说《茶花女》终于以其绝妙的构思和精彩的文笔震撼了一位资深编辑。这位知名编辑曾经和大仲马有着多年的书信往来。他细心地注意到，投稿者的地址同大仲马的丝毫不差。起初他怀疑是大仲马另取的笔名，可是经过仔细比较，两者的风格却又大相径庭。难道是大仲马走出了曾经的自我，转换了文风？他决定亲自上大仲马家拜访，弄清自己的疑问。令他大吃一惊的是，《茶花女》居然是大仲马的儿子小仲马完成的，而小仲马在文坛上并没有一点影响力。“您为什么不在作品上署上自己的真姓名呢？”小仲马说：“我只想拥有真实的高度，我只想大家了解我的写作实力。”

《茶花女》出版后，法国文坛书评家一致认为这部作品的价值已经大大超越了大仲马的代表作《基度山恩仇记》，小仲马一时声名鹊起，作品一版再版。

大仲马临终前深深地感叹，留下这样一段话：“我从我的梦想中汲取题材，我的儿子从现实中汲取题材；我闭着眼睛写作，我的儿子睁着眼睛写作；我绘画，他照相。我这一生，最得意的作品就是小仲马。”

“我最得意的作品就是小仲马。”这是一个父亲对自己儿子的最高评价。小仲马命运多舛，生于法国巴黎，是大仲马与一名女裁缝卡特琳·拉贝所生的私生子。大仲马成名后，混迹于上流社会，将他们母子抛弃，直到小仲马七岁时，大仲马终于良心发现，从法律上承认了这个儿子。虽然大仲马负担了拉贝的生活费用，但是他始终没有承认拉贝是他的妻子。对于一个私生子孩童来说，在没有父爱的环境中长大到七岁，受尽了别人的白眼和冷漠，其心灵所受的摧残和伤害是显而易见的。也许正是因为这段儿时经历，养成了小仲马自立自强的个性，从而最终成就了作家小仲马。

父子作家、父子演员等，在中国并不鲜见，看起来似乎是子承父业，书香门第。譬如古代的曹操父子，北宋苏询父子，当代的曾志伟和曾宝仪，可是我们仔细想想，曾宝仪的成名难道没有曾志伟的功劳吗？其他的推而广之，事实上都有这个因素。

这是一个拼爹的时代，“我爸是李刚”之所以遭人唾弃，引起公愤，就是因为富二代、官二代们凭借父辈的关照，挤占了下层人士改变自己命运的途径。“**流自己的汗，吃自己的饭。自己的事自己干，靠天靠地靠祖上，不算是好汉。**”这是清代书画大师郑板桥的教子箴言。连古人都有这样的觉悟，我们难道不应该向小仲马学习吗？

一切皆有可能

他 7 岁那年，父亲专门请专家测定了他的智商。专家告诉父亲，他的智商 95，智力年龄低于生理年龄，智商 100 是人类的平均智力水平，因此他连普通人都不如。

母亲很为他的将来担心。父亲笑着说，一切皆有可能，譬如一个树根，可以用来烧火取暖，也可以做成根雕成为艺术品。如果我们精心培养，咱们的孩子将来说不定能进耶鲁大学。

他上小学时，成绩不太好，可是却梦想着能成为登上月球的宇航员。父亲直接告诉他，像你这样的人一辈子也成不了宇航员，因为宇航员的身体素质都是天生的。你只能做你能做又想做的事，并且把它做出名堂来就行了。至于成绩嘛，过得去就行了。

在父亲的指导下，他最终迷上了舞蹈，现代舞、拉丁舞样样精通。父亲见他热衷于跳舞，便鼓励他精益求精，不但要会跳，还要懂得创新。在中学的毕业舞会上，他的华尔兹舞犹如行云流水，他的探戈舞热情奔放，他的狐步舞急如旋风，他的斗牛舞火辣性感，让同学们看得眼花缭乱，纷纷拍手叫绝。

因为舞技出色，他被耶鲁大学特招入校，成了耶鲁大学的舞蹈队员。父亲高兴地对母亲说，你看咱的儿子虽说成绩不好，可是照样进了耶鲁大学，这就是一切皆有可能。父亲告诉他说：耶鲁不是普通的大学，她是美国总统的摇篮，历史上有 4 位总统毕业于耶鲁，这可是耶鲁创造的政坛奇迹。你在学校里要多交朋友，说不定将来你的同学中又会产生新的美国总统。

说来也巧，乔治·W·布什也在耶鲁大学就读，主修历史。父亲知道这一消息后，马上命令他放弃主修法律改为主修历史。父亲对他说：你要赶紧与小布什交上朋友，进入他的核心朋友圈。小布什参加什么组织，你也跟着参加；他玩什么，你也跟着玩什么，步步紧跟，一步也不要落下。不要问我为什么，将来你就会明白的。

小布什参加了耶鲁大学的骷髅会这个秘密社团，其成员皆是美国的名门望族。骷髅会每年只招 15 人。父亲赶紧用钱铺路，为他争取到一个入会的名额。他在骷髅会里与小布什几乎是形影相随，颇得小布什好感。最后他好歹在耶鲁大学毕业了。

从耶鲁大学毕业后，他仍然跟小布什保持着亲密的关系，属于小布什的铁哥们，在小布什投资的公司担任管理者。因为业绩突出，他深受小布什信赖。父亲告诉他，布什家族是当今美国政坛最强势的家族，你只要攀住小布什这棵大树，肯定将来能吃到好果子。

后来，小布什当上了美国总统，延续了布什家族的传奇。伊拉克战争爆发后，萨达姆被推翻了，美国终于控制了中东的石油资源。在伊拉克重建期间，凭着小布什的关系，他成立的公司获得了4.07亿美元的投资合同，赚了个盆满钵满，成了人人羡慕的亿万富翁，他就是诺尔。

诺尔对父亲说："我觉得作为一个商人，最重要的还是人脉资源，多个朋友多条路，条条大路通罗马。"父亲满意地笑了，他对诺尔说："一切皆有可能，就看你怎么去创造。你成功了，我也成功了！"

相信自己，一起皆有可能。只要我们努力，就能成就自己的梦想。低智商的诺尔成功了，非裔黑人奥巴马也成功了，你也一定会成功的。

失败只是暂时还没成功

1862 年冬天的一个早上，凡尔纳刚吃过早饭，正准备到邮局去，突然听到一阵敲门声，开门一看，原来是邮递员，带来了一包鼓鼓囊囊的邮件。一看到这样的邮件，凡尔纳就感到不妙。自从几个月前，他把第一部科幻小说《空中旅行》寄到各出版社后，就陆续收到这样的退稿邮包，今天已经是第 15 次了。凡尔纳接过邮件，拆开一看，上面写道："尊敬的凡尔纳先生，尊稿经我们审读后，不拟采用，特此奉还。某某出版社。"每次看到这样的退稿信，凡尔纳总是心里一阵绞痛。这次是第 15 次了，还是未被选用。

苍天呐，难道我们这样的无名作者，就永远没有出头之日吗？要知道，再出名的作家，也是从默默无闻中走过来的。凡尔纳此时已经极度愤怒，那些出版社的编辑们太看不起无名作者了。凡尔纳愤怒地发誓，从此再也不写了，宁愿去做点小生意维持生活，也不愿意码字了。呕心沥血创作的东西，却被人视为毫无用处，那种打击对一个作家来说，简直就是致命的伤害。

凡尔纳抱起手稿向壁炉走去，准备把它们付之一炬。他想，就让手稿化为灰烬吧，在这个严寒的冬日，还能给家里带来丝丝暖意。凡尔纳的妻子正在房间里打扫卫生，她看到丈夫闷闷不乐的样子，正准备过来安慰安慰，一看事情不妙，妻子赶紧走过来，一把抢过手稿，紧紧抱在胸前，像在庇护一个受到伤害的孩子。此时的凡尔纳余怒未消，说什么也要把手稿烧掉。妻子急中生智，安慰道："亲爱的，这是你几个月的心血呀，绝对不能烧掉。你不要灰心，再试一次吧。昨天晚上，我梦见了彩虹，这是好兆头呀，也许伯乐就在前面等着你。"

听了妻子的一番劝解，凡尔纳抢夺书稿的手慢慢放下了。"如果这本书稿能够顺利出版，将给家里带来一笔可观的收入。烧掉之后，就什么也没有了。"想到这里，凡尔纳决定接受妻子的劝告。他抱起这包书稿，到第 16 家出版社去碰碰运气。

这次凡尔纳没有失望，他遇到了出版商埃泽尔。埃泽尔读完书稿后，非常高兴，两人签署了第一份合同。在 1863 年，《气球上的五星期》（手稿名《空中旅行》）就售出了 3000 册，默默无闻的凡尔纳逐渐为广大读者所熟悉，成为知名的科幻作家。

无独有偶，凭借着《尘埃落定》一举成名的作家阿来，经历与凡尔纳类似。长篇小说《尘埃落定》写完后，阿来自己觉得还不错，就满怀信心地向出版社推荐，结果遇到意想不到的尴尬。一般都是杳无音讯，或者回复道："小说不错，但是市场需要更通俗的小说，高雅文学读者不要，出版了要赔钱。"也有出版社问能不能改改，阿来答："两种情况可以改：标点符号和错别字。"在之后长达4年的时间，没有出版社愿意出版这本书，直到1998年人民文学出版社接手，这部堪称经典的小说才得以面世，以飨读者。

15次的退稿信和4年等待的煎熬，足以让一个写作者变得狂躁不安，可是凡尔纳和阿来坚持下来了，这才有了他们现在的声名。可见**只要坚持自我，不屈不挠，总会有所成就**。这个道理，不仅仅适用于写作者。

心动不如行动

约翰·D·斯普纳，美国著名的投资顾问兼畅销书作家，年轻时尚未成名，特别仰慕海明威，就是《老人与海》的作者，海明威被誉为“文坛硬汉”，可惜最后自杀了。

1959年的夏天，斯普纳去西班牙的潘普洛纳度假，看斗牛比赛。斯普纳得知海明威也在这里，非常兴奋，急切地想见到偶像，哪怕说几句话也是幸福的，说不定能套出他成为文学巨匠和富翁的秘密。海明威前几年刚荣获诺贝尔文学奖，彼时又出版了小说《太阳照常升起》，风头正劲。

那个夏天，海明威穿梭于各个斗牛场之间，欣赏西班牙两个顶级斗牛士之间的角逐：老将多明戈和后起之秀奥德涅斯。他俩实力相当，难分伯仲。海明威的身边总是围着一大群人，包括斗牛士、记者、拍马屁的人，还有史密斯文学院专业的学生。斯普纳只能远远地望着海明威，根本接近不了他，真是近在咫尺却又远在天涯。

斯普纳跟着海明威整整三天，都没有寻找到搭讪的机会。在这三天里，成天被公牛追着跑，人人手里都提着一个葡萄酒囊，斯普纳就像置身于葡萄堆里被压榨了一样，嘴里、眼里、耳朵里、鞋里和衣服上全都是葡萄味。斯普纳提前到各大广场转悠，想碰碰运气。晚上睡在西玛卡的后座上，这是一种比天气预报还不靠谱的汽车。斯普纳睡得很少，大量喝咖啡保持清醒，有时坐在太阳底下，心想晚上睡在床上的人多么幸福啊！

有一天晚上，大约十点半，斯普纳跟踪海明威，看见他走出一家咖啡馆，在找地方吃夜宵。他走路时一蹦一跳，就像高中橄榄球运动员一样大摇大摆。他突然从他的随从身边跑开，示意他们等着，然后拐进了一条小巷子里。斯普纳看到，海明威正在主广场旁边的一个喷泉旁边小便。斯普纳走到海明威身边，拉开裤子拉链问道：“介意我在你旁边嘘嘘吗？”

海明威看着斯普纳说：“嘘嘘是娘们的事情，”他说，“男人是撒尿。”

“我其实想写小说，想跟你学学，”斯普纳说，“不是想嘘嘘。”

海明威哼了一声。“告诉你吧，小子，别总把你想干什么挂在嘴上，尽管做就是了。跟着公牛跑，看准牛角，像斗牛士一样。佯攻，出击，再佯攻，出击，就这么简单。做什么都不容易，写小说更难啊！”他说完后，就大摇大摆地走了。

真没想到，自己终于跟海明威搭上话了，不过却是在这样一种尴尬的情况下。“佯攻，出击，再佯攻，出击。”海明威把写作和斗牛扯在一起，难道二者之间有什么联系吗？斯普纳百思不得其解。

不过当他看完这个赛季所有的斗牛比赛，他算是明白了，写作的确跟斗牛有关啊！斗牛士具备高雅、勇敢的灵魂，他们将技术和体力、柔美和勇猛完美地结合在一起，海明威不就是斗牛士一样的人吗？就连海明威代表作《老人与海》中的老渔夫，也是斗牛士一样的人物。面对强劲的对手，我们不能退缩，只能战斗，再战斗。

斯普纳顿时茅塞顿开，海明威没有教自己具体怎样写作，但是却传递给自己一种精神：**“想干什么，不要挂在嘴上，要立即去做，这样才会有成功的可能。”**

人的差别在哪里

楼下的巷子新开了一家“田三美发店”。老板姓田，是个四十岁左右的大姐，人称田姐。田姐以前在这条街的城郊接合部开美发店，现在那里搞征地拆迁，就搬到我们楼下了。虽说这巷子比较偏僻，可是那些老顾客还是络绎不绝地赶了过来。

每天路过这家美发店，都看见田姐在不停地忙活着，洗剪吹烫，田姐样样都来。而店里的两条长椅子上，总是坐满了等候的顾客。大家宁愿在那里排队，也不愿意到别的地方去理发，田姐累得连饭也顾不上吃。

有一次，我请田姐理发，闲暇时就跟她聊天。我疑惑地说：“田姐，你生意这么好，干吗不招个学徒帮忙呢？”田姐回答：“怎么没招过？前几天刚来一个徒弟，只能洗洗头。如果我叫徒弟理发，顾客就有意见，说我慢待他们了。唉，我这是没办法呀！”的确是这样，徒弟来就是学技术的，可是只能洗头不能理发，那就失去学习的意义了。

不过田姐的理发技术的确高明，能够根据各人的脸型配以恰当的发型。田姐还了解每位老顾客的品位和喜好，哪怕一根头发没处理好，她也会重新来过，难怪那些顾客不让徒弟动手哦。没办法，田姐只好把老公叫来帮着给顾客洗头，算是勉强减轻点压力。

前几天回家，我突然发现“田姐美发店”没有开门。这可是从来没有过的事情，难道田姐生病了？或者不想开店了？走近一看，卷帘门上贴着一张纸条，是田姐的留言：“新老顾客们，大家好！为了提高美发技术，我决定上省城培训十天，给你们造成的不便敬请原谅。”原来如此，田姐培训去了。

这可真是稀奇事。我只听说企事业单位的职员要定期参加继续教育，没想到田姐一个个体户，也要自己贴钱参加培训。何况田姐理发这么多年，技术早就炉火纯青，还积极培训，看来理发这一行也要与时俱进啊。

过去人们常说：“老中医，少裁缝。”做衣服要找年轻人，因为他们容易接受新鲜事物，新潮时尚的东西最容易被他们所接受。理发行业又何尝不是这样？

哈佛有一个著名的理论：**人的差别在于业余时间，而一个人的命运决定于晚上 8 点到 10 点之间。每晚抽出 2 个小时的时间用来阅读、进修、思考或参加有意义的演讲、讨论，你会发现，你的人生正在发生改变，坚持数年之后，成功会向你招手。**

从生活中获取知识

美国电影《字典情人》中讲道，英国官员来殖民地沙捞越时，当地人会给他们安排一名“字典情人”，负责照顾他们的饮食起居，并且教他们学会当地土著人的语言。无独有偶，季羡林学德文也跟《字典情人》类似。

季羡林是我国著名的国学大师，精通数国语言。他谈到自己在德国留学时，德文就是房东老太太教会的。季羡林和女房东欧普尔太太共同生活了整整十年。在这漫长的岁月内，她把季羡林当儿子一样看待，为他操了不少心，当然最主要是让季羡林学到了一口纯正的德文。

欧普尔太太很平常，当时的她五十多岁，生活十分单调平凡，成天围着灶台转，是一个典型的家庭妇女。每天起床后，先做早点，给丈夫一份，给季羡林一份。然后就是无休无止地擦地板，擦楼道，擦大门外面马路旁边的人行道。地板和楼道天天打蜡，打磨得油光铮亮。楼门外的人行道，不光是扫，还用肥皂水清洗。人坐在地上，绝不会沾上半点尘土。欧普尔太太，就是这样一个爱清洁的家务狂，而且成天乐此不疲。

到了晚上 10 点左右，季羡林在家里工作，欧普尔太太就进屋来，把季羡林的被子铺好，把被罩拿下来，放到沙发上。德国被子里面是鹅毛的，不像现在的羽绒被，全部按区块缝合过。他们把鹅毛朝里面一装就完事，结果每天睡觉前都得整理被子，不然鹅毛就跑到一块去了。一边绒毛堆积如山，另一边只剩下两层薄布，根本不能御寒。季羡林整理不好被子，于是女房东只好每天来整理。

铺好床以后，欧普尔太太就同季羡林闲聊。她把一天的经历，原原本本、详详细细地向季羡林说。见了什么人，买了什么东西，碰到了什么事情，到过什么地方，一一细说，有时还绘声绘色，手舞足蹈。每天晚上半小时的免费德语交际课，对季羡林的德文口语听和说大有裨益。但是季羡林不敢把这一点告诉她，害怕她以后不来聊天了。

战争接近尾声时，德国人日子越来越难过。不但食品短缺，连燃料也无法弄到。哥廷根市政府顺应民情，决定让居民到山上去砍伐树木作燃料。政府工作人员在茫茫林海中划出了一个可以砍伐的区域，把区内的树逐一检查，可以砍伐者划上红圈，砍伐没有红圈的树要受到处罚。女房东家没有劳力，唯一的儿子又在另一座城市工作，于是季羡林当仁不让，陪房东上山，砍了一天的树，运下山来，运到一个木匠家里，用机器截成短段，储存在地下室里，供取暖之用。

正因为季羡林和房东互相照应，因此季羡林在房东家一住就是十年，从没有发生过矛盾。临走那天，欧普尔太太痛哭流涕，季羡林也舍不得离开。但是毕竟中国是季羡林的祖国，因此他还是回来了。离开德国后，季羡林还给欧普尔太太写过几封信，寄过一罐美国咖啡，希望女房东在孤苦伶仃的晚年生活中得到些许安慰。

1983 年，季羡林故地重游，又回到了德国哥廷根市参观访问。故居还在，房子整洁如故，只是欧普尔太太已经杳无音信，房门外的铜牌上已经换了名字。从邻居口中得知，女房东已经离世了，这让季羡林非常伤感。

耐住寂寞才能守住繁华

“暴风雨，我听到暴风雨，是来带我走的！”1827 年 3 月 26 日夜，病床上的贝多芬一阵剧烈咳嗽，脸色更加苍白，他握着安娜的手，喃喃地说道，之后安详地离开了人世。除了安娜给他送终外，贝多芬的身边没有一个亲人。

那个被贝多芬宠爱的侄子卡尔，并没有出现在贝多芬的病床边。这真是绝妙的讽刺，也是对贝多芬最大的打击。贝多芬孑然一身，除了侄子在他心中占据一席之地外，最大的嗜好是音乐，是作曲。可是造化弄人，在他创作正进入爆发期的时候，他的耳朵却逐渐聋了。

贝多芬说：“我的脑子里随时充满着音乐，永远静不下来。我只有把它写下来，心里才能得到疏解。”然而他的耳朵却聋了，听力越来越弱。对于一个音乐家来说，这比剥夺他的生命还要残酷。我们试想一下，一个画家如果眼睛看不见了，再也无法潇洒自如地在纸上泼墨作画；一个行走江湖的侠客，被人挑断了脚筋、手筋，舞枪弄剑自不必说，连独立行走都不可能；一个作家如果痴呆了，再也不能创作出曾经的美文来……他们的心里会是什么感受，那可真是生不如死啊！

然而贝多芬没有向命运低头，反而投入了更大的激情来作曲，一旦进入状态，经常是通宵达旦。听力减弱了不要紧，他在后脑上围上一圈硬纸片，耳朵戴上自制的扩音器，这样一来就可以听到钢琴发出的声音。这个铜质的扩音器帮了贝多芬的大忙，作曲时戴着，跟朋友交谈时戴着，甚至指挥乐队排练时也戴着，显得不伦不类。

耳聋以后，贝多芬变得非常暴躁，甚至不可理喻，连最亲密的朋友兼抄谱员施莱蒙，也经常被他痛骂："蠢货，笨蛋，重做一遍，否则我就宰了你，毁了你。"即便是安娜这样天资聪颖的美女，在和他共事期间，也经常受他言语上的讽刺和侮辱。比如安娜说她来维也纳是学习作曲的，贝多芬就揶揄道："女作曲家啊，哈哈，就像狗用后腿站着走，虽然走得不好，但令人吃惊。"这就是人们口中的狂人贝多芬。

有人说他疯了，言行不可理喻。邻居说他们受够了这头蠢猪！因为贝多芬经常在创作结束时，用几瓢冷水浇在头上冷却自己，结果污水都顺着木质楼板流到楼下去了；修道院的长修女说贝多芬离经叛道；安娜的男友设计师马丁说贝多芬是个伪君子；就连贝多芬钟爱的侄儿，也说他是个邋遢的老混蛋，屋子弄得一团糟。他极端的自负，会摧毁他遇到的每个人，他不喜欢每个人，除了自己。

可是音乐学院作曲高才生安娜却不这样认为，她把同贝多芬相处视为上帝赐予自己的学习良机，认为这是天大的荣幸。安娜没有失望。1824 年，贝多芬在耳聋以后仍然创作出了《第九交响曲》，这首新交响乐采用了全新的音乐、全新的形式，在安娜的帮助下，交响乐演出获得巨大的成功，整个维也纳都沸腾了。

“我过去如此，现在不变，将来依然，未曾有世人知我识我。”在音乐的世界中，贝多芬才华横溢，如鱼得水。可是在现实生活中，又有多少人能够理解他呢！这就是狂人贝多芬，狂放不羁的背后，实则是他内心无比的苦闷与孤独，这也许就是大师的宿命吧！

人生没有任何借口

在美国西点军校，有一个历久不变的传统，就是新生遇到学长或军官问话，只能按规范选择回答：“报告长官，是；报告长官，不是；报告长官，不知道；报告长官，没有任何借口。”新生除了这四条标准回答之外，不能再多说一个字。

这四条标准回答看似抹杀人的个性，让人失去了为自己辩护的机会。但是在军队这种特定的环境里，这样的训练是非常必要的。时间就是生命，时间就是胜利，如果我们在汇报军情时啰啰唆唆，老是为自己没有完成任务而辩解，找原因开脱罪责，那么肯定在今后还会失败。

西点军校之所以这样规定，就是要让学生明白，要成为一名优秀的军人，首先必须学会服从和忍耐。军人以服从命令为天职，哪怕是错误的命令也得执行。**人一旦无权解释，也就没有任何借口，就会尽心尽力地把事情做得圆满。只有秉持这种信念，才能激发出人全部的能量，收到最好的效果。**

一次，连长派新兵瑞德到营部办事，只给了他三个小时的时间，却交代了七项任务。有些人要见，有些事要请示，有些东西要报批，还要设法搞到一些紧缺物资。显然要完美地完成这次任务是有难度的，但是瑞德没有气馁，他决心完成任务。瑞德匆匆赶到营部，果然遇到了麻烦。连队需要的物资营部也储备不足。瑞德试图用语言打动负责补给的中士，希望他能从紧缺的存货中拨给他一点，可惜未能如愿。尽管如此，瑞德并没有放弃，而是摆出一副不达目的誓不罢休的架势，一直与那位中士软磨硬泡，最后总算感动了对方把事办成了。

一门心思地要完成任务，不想寻找任何借口，瑞德完成了看似完不成的七项任务。当他回去交差的时候，连长嘴上没说什么，脸上却流露出惊讶之色。从西点军校毕业后，瑞德留校担任战略策划，退伍后他出任了埃尔伯马尔学院院长，成为西点军校毕业的又一个精英。

西点军校被誉为将军的摇篮，格兰特、罗伯特·E·李、艾森豪威尔、巴顿、麦克阿瑟和布莱德利等都是从西点毕业的。我觉得这些名人的成功，除了他们具有良好的素质和难得的机遇外，跟西点军校的培育也是分不开的。

人生没有任何借口，这句话应该成为我们每个人的座右铭。借口是什么？就是以某件事为理由，但又不是真正的理由。有些人一辈子都在为自己寻找借口，迟到早退有借口，完不成作业有借口，工作失误有借口，失恋离婚有借口，甚至杀人放火都有借口。他们这一辈子就活在借口的庇护下，似乎只要找到了借口，就可以掩盖自己的过失。但是我们可以发现，凡是喜欢给自己寻找借口的人士，他们的人生都是黯淡无光的，碌碌无为的。借口让他们变得懒散，变得拖拉，喜欢互相推诿，这样的人走到哪里都不会让人高看一眼。

寻找借口的代价是无比高昂的，它给我们带来的危害一点也不比其他恶习少。让我们改变对借口的态度，把寻找借口的时间和精力用到学习及生活中来。因为**现实没有借口，人生没有借口，失败没有借口，成功也永远不会属于那些寻找借口的人。**

不要为自己的错误辩解

梁启超是中国近现代史上的伟人，因参与戊戌变法而蜚声中外。他不像“戊戌六君子”那样俯首就擒，而是选择了流亡国外，如此一来，反而成就了一个百科全书似的梁启超。

梁启超能有如此卓越的成就，跟他儿时的家庭教育是分不开的。梁启超六岁随父读书，八岁学作文，九岁就能洋洋洒洒写上千言，显示出卓尔不群的才华。

在《我之为童子时》的文章中，梁启超说：“我家之教，凡百罪过，皆可饶恕，惟说谎话，斯不可恕。”小孩子难免会犯错误，只要知错能改就是好孩子。但是唯独撒谎这种事，梁家管得很严，一旦撒谎，就要严惩不贷，以至于梁启超年长后仍然记忆犹新。

有一次梁启超六岁时，不知道因为什么事情，说了一句谎话，后来被母亲知道了，母亲非常生气，在晚饭后传他至卧室严加盘问。当时梁父在省城参加科考，身边没有人敢于求情，看见母亲盛怒的样子，梁启超非常恐惧，不知所措。梁母温良贤淑，终日笑意盈盈，这时却突然板着脸说话，可见其内心之愤怒。梁启超跪在母亲面前接受盘问，如果他承认说谎，那么母亲一定会原谅他。谁知鬼使神差，梁启超为了免去责罚，居然矢口抵赖，再次说谎。梁母教育孩子，自然已经是调查清楚。看儿子不肯认错，梁母祭出家法，把梁启超翻覆在膝前，用力地鞭打了十多下。可怜梁启超，一个六岁孩童，自出娘胎以来哪经过什么苦楚，这一顿暴打让他终生难忘。

梁母边打边教育道："汝若再说谎，汝将来便成窃盗，便成乞丐。今说谎者，则明知其为罪过而故犯之也，不惟故犯，且自欺欺人，而自以为得计也。天下万恶，皆起于是矣。"梁母几句话，就将说谎的害处披露无遗。这有点像我们俗语说的："小时偷针，大时偷金。"如果一个人小时候沾染上了恶习，那么很可能影响他的一生。梁启超将母亲的教训，牢记在心，谓为千古名言。梁启超挨打时，堂姐陪着他长跪了半宿，又独自痛哭了一夜。这是什么原因呢？因为堂姐跟梁启超关系很好，她担心梁父知道此事，那么梁启超还得遭受一顿痛打。所幸的是，梁母见梁启超知道悔改，就没有告诉梁父，这件事就算过去了。

在中国传统家庭教育中，常有"黄荆条子出好人"一说，意思是**孩子犯了过错，那么做家长的一定要加以责罚。责罚不是目的，让孩子记住这个教训，绝不再犯相同的错误才是目的。**严父慈母，责罚孩子一般是由父亲来完成的，而母亲则会在一边唱红脸。一个红脸，一个白脸，既让孩子受到责罚，也让他感受到家庭的温暖。

可是现在，中国孩子大多是独生子女，爷爷奶奶宠着，爸爸妈妈爱着，含在嘴里怕化了，捧在手里怕碎了，孩子们都成了娇生惯养的小皇帝和小公主。不要说撒谎，就是其他比这严重得多的毛病，哪个孩子身上没有几个啊！你到学校里去看看，上课不听讲，不做作业，顶撞老师，打架斗殴的学生还少吗？有些孩子，遇到什么挫折，动辄就要跳楼自杀，整得老师根本不敢说一句重话，生怕刺激他们做傻事……

看看梁启超儿时说谎受罚，最终成为一代名流。再看看我们有些糟糕的家庭教育，难道不应该有所启示吗？

在忙碌中实现人生价值

忙碌是现代人的通病。倘若你驻足在都市的街头，或者穿梭在鳞次栉比的楼群，与那些步履匆忙的红男绿女擦肩而过，请问你能捕捉到那种气定神闲的眼神吗？我想答案是否定的。要寻找那些闲庭信步的人，恐怕只能到公园或者郊外的农家乐了。只有在那些地方，人们才会停下匆匆的脚步，偷得浮生半日闲。大家凑在一起，品品清茶聊聊天，晒晒太阳抽抽烟，这是一种奢侈的休闲。

在藏区那高远的蓝天下，看悬浮的朵朵白云，滤过似的纯净。它们静默着，倒映在草原上的湖泊和水湾里。如果不是那些草原上缓缓移动的牦牛群，你肯定会以为这就是一幅巨大的油画。在那些星星点点的帐篷前面，五色的经幡迎风飘舞。那些盛装的藏民，手持转经轮端坐在那里。他们微闭双目，口里念念有词，完全沉浸在与神灵对话的那种氛围中。在他们的脸上，看不到一丝忙碌的痕迹，有的只是那种淡定自如的恬静。

藏民是悠闲的，因为他们在劳动之余，更加注重内心的修为。而我们根本做不到，生活中有太多的竞争和挑战需要我们去面对。我们不敢有丝毫的懈怠，我们的忙碌，是不得已而为之。在当下的社会，忙碌似乎成了成功人士的代名词。我们能不忙碌吗？少年时忙于读书，青年时忙于恋爱，中年时忙于工作，老年时忙于锻炼。除此之外，我们还得忙于照顾家庭，肩负起教育子女、赡养老人的重任。忙上班，忙上网，忙应酬……我们如果不给自己上紧发条，就会被忙碌的社会无情地边缘化，甚至抛弃。这绝不是危言耸听。

古人云：人之熙熙，皆为利来；人之攘攘，皆为利往。利和名的诱惑，把我们这些凡夫俗子折腾得晕头转向。名利是一把双刃剑。在追名逐利的过程中，有人功成名就，有人碌碌无为。

岳父曾经在某酒业集团供职，从基层员工一直做到子公司经理，也算小有成就。前几年公司改制，由国有控股变成了民营企业。原来的董事长急流勇退，享清福去了。岳父等这批追随者，自然受到了新领导层的排挤。岳父本来已届花甲之年，在公司里再熬两年，也就顺利退休了。可是岳父想到自己在做经理时，积累了一定的人脉，手上也有些积蓄，索性从公司辞职，准备自主创业。

岳父在白酒企业干了一辈子，熟悉白酒生产的各个环节，办个小规模的酒厂，应该是能够赚钱的。可是事实证明，岳父这几年是白忙活了。他不仅没有赚到钱，反而赔进去了不少。到现在为止，内蒙古有个合作伙伴还欠着岳父几十万货款。而这笔钱，肯定收不回来了。这就是岳父忙碌几年的代价，一切的预期收益都成了泡影，让人扼腕叹息。

忙碌是一个沉重的话题。有人在忙碌中收获快乐和幸福，有人在忙碌中却屡尝苦果。社会就像一波洪流，裹挟着我们前进，你想原地打转那是绝不可能的。我觉得，该忙的还是要忙，也许在忙碌中你就实现了人生的价值。

第三辑

努力提高自己解决问题的能力

当我们遇到问题时，如果用一种方法无法解决，

可以转变思路，换一种方式；

当我们无法自己解决问题时，要及时向他人求助，不懂就问。

学会妥善处理周边发生的事情，这样你才会赢得成功，获得幸福。

不妨让生活拐个弯

在穿城而过的河边散步，每天都要从绿化带里的榕树边走过。榕树都是人工移植的，有的榕树离河边公路远，有的离河边公路近。离得远的，根系以树干为中心，成圈层向外扩张，占据了不少地盘。离得近的，那冒出地面的根系就不太好看了，像个丑陋的半圆，有些根系贴着公路的边沿走，牢牢地抓住地面。

榕树真是种聪明的植物，此路不通，就适当改变方向，照样能够从土壤中获得水分和养料，也能维持自身的稳定。这就是自然选择了，为了生存和发展，不妨让生活拐个弯，也许就柳暗花明又一村了。

晋朝时无锡有个人叫周处，他从小父母双亡，没有家教，就在社会上瞎混，长大后成了一个非常粗暴的人，动不动就跟人打架。这样一来，乡亲们见了周处就躲。周处自己不明白，他就去问一位长者："怎么谁见了我都躲得远远的？"老人家说："你不知道，我们这里有三害。"周处问："哪三害，说来听听？"老人家说："第一，前面山里出了一只猛虎，经常下山伤人，吃家畜。第二，你看，村前面的河里有一条蛟龙，谁都不敢游泳，不敢下河捕鱼，不敢游过河去。”周处说：“这不才两个吗？还有一害呢？”那老人家指着他正色道：“第三害，就是你，周处！”周处听了实在惭愧，原来乡亲们把自己也当成了柴狼虎豹一样的坏人，实在是不应该啊。他幡然悔悟，决定改掉以前的那些恶习。于是周处上山杀掉了猛虎，下河除掉了蛟龙，为民除害。从此他一心上进，虚心好学，后来成为一个远近闻名的人才，做了很大的官，为百姓做了不少好事。

如果周处继续为害一方，到最后激起民愤，自然会有政府出面来治他的罪。可是周处没有，他听了老人家的忠告后，改变了自己的人生轨迹，反而得以青史留名。可见在人生的道路上，适当地变通还是有益的，说不定会收获意想不到的成果。

有个文友强，从小喜欢书法，长大后买了很多字帖在家里练习。王羲之的《兰亭序》，颜真卿的《勤礼碑》、《祭侄文稿》，唐寅的《落花诗册》都练过，笔墨纸砚投入了不少，可是苦练了五六年，始终书艺平平，难入方家法眼。

我看了于心不忍，就暗示强说：“学书法需要天赋，没有极高的领悟力是难以登堂入室的。我看你口才甚好，知识渊博，干脆写文章吧，照样能混出名堂。”强听了，十分沮丧，但还是照我的话做了。

强喜欢看书，常有独到见解，几年下来，在报刊发表了大量的随笔，如今早已成了省作协会员。前几天，我应邀去参加强的新书研讨会。强感慨地说："如果我继续练字，也许还是原地踏步。是你给我指点迷津，让生活拐了个弯，我才走上了写作之路，最终取得现在的些许成就。"我紧握着他的手，表示赞同：**生活一拐弯，有时就会出现高下之分，关键是你要把握拐弯的时机。**

经营自己的长处

一个朋友在聊天时抱怨:“自己都快四十岁了，可是仍然事业无成，真是枉来世上走一遭。”作为男人，我非常理解朋友渴望建功立业的焦虑。可是放眼周围，我们看见的绝大多数人还是碌碌无为。

既然人人都渴望成功，为什么成功者却始终是凤毛麟角。我觉得，我们首先要充分地认识自己，找出自己的长处，然后经营自己的长处，只要坚持下去，那么你肯定能取得些许成就。

温州人号称中国最富有的人群，我认识好几个温州的年轻朋友，在她们还在上大学时，理念就与众不同，最喜欢挂在嘴边的话就是:“宁愿睡地板，也要做老板。”这种理念与其他众多地方的思维理念有很大差别，但是这种理念却是很先进的，正是这样的理念使得温州人与众不同，成为中国最富有的人群。

读大学时，班上有个女同学梅，是同学中唯一的温州人。梅长相平平，学习也不用心，在班上每次考试都处于中下等。梅父母是开皮鞋厂的，经济宽裕一些，有点钱喜欢炫耀，无奈男同学不追她，女同学瞧不起她。梅很郁闷，经常吹嘘说毕业后五年内要买辆宝马车，送给未来的老公做结婚礼物，别人都觉得她是异想天开，更加讨厌她了。

但是梅行为方式就是不一样，别人忙着考证过级，学习考研，增加知识储备将来好找工作。她却最喜欢晚上在学院门口摆地摊，高声叫卖一些劣质小玩意，后来又卖糖葫芦，甚至买个高压锅做爆米花，这样混到毕业，竟然听梅亲口说自己大学四年共赚了几万元。更令人称奇的是梅大学学费、生活费都是自己赚的，居然没有拿家里一分钱，这简直让我们汗颜。

大学毕业后，梅没有找工作而是直接去杭州丝绸一条街，在亲戚的帮助下开了一家小店，据说三年后就发财了，同学聚会时竟然开辆本田车来参加。五年还没有到，她原来说的送宝马车给老公的壮言，很多同学开始相信了。

梅其实是一个很精明的人，温州人擅长经商的特质在她身上发挥得淋漓尽致。她认准了自己的特长是做生意，压根就没有想着将来去打工，结果毕业几年后就变成成功人士，而大学时代综合素质比她高很多的其他同学，要么拿着一个月两三千的工资，要么刚刚研究生毕业，焦头烂额地找工作。

正如富兰克林所说："宝贝放错了地方就是废品。"**人生的诀窍就是经营自己的长处，这是因为经营自己的长处能给自己的人生增**

值，经营自己的短处会使自己的人生贬值。把自己想做什么、能做什么，社会需要什么结合起来，综合加以分析，找出最佳结合点，正确做出职业选择，你就迈出了人生事业的第一步，成功就会向你招手。

人生要学会放弃

前几天我在单位写标语，有同事说，你的毛笔字写得这么好，苦练几年一定会成为书法家。我无奈地笑了，连说那是不可能的，我对写字兴趣不大。同事不解。我说咱们这小城五十多万人口，多少年了，才出了几名全国书协会员，可是长期练毛笔字的人至少数以千计。

书法曾经是我最大的业余爱好。读师范时，学校要求我们一专多能，也就是除了上课外，还要在艺术方面有所突破。我喜欢一个人静静地做点事，就选择了写毛笔字。看着柔软的毛笔蘸着墨汁在洁白的宣纸上划过，留下或刚劲有力或飘逸灵秀的字迹，耳边听着师友的赞叹声，我的心里会升腾起一种隐隐的成就感。这种期待的成就感鼓励着我，在师范毕业后又坚持练了五六年。大小毛笔买了几十支，各种字帖花了上百元，至于练过的毛边纸和宣纸就不用说了。从楷书的欧体、赵体，汉代的隶书，一直到属于行草体的唐寅诗稿，我都反复练过。那时我坚信，只要自己临池不辍，一定会成为一个知名的书法家。

可是有一天，当我在电视里看见一些农民造飞机后，我就再也不愿意写字了。山东农民谭成年，只有高中文化，从小喜欢机械，自从接触到一本《飞机飞行原理》后，从 1995 年开始造飞机。第一架飞机夭折一年后，造出第二架，试飞好几次都没有离地。2005 年终于驾驶自造的飞机飞上了蓝天，创造了“中国农民第一飞”的奇迹。不过好景不长，后来谭成年在一次试驾中机毁人亡，年仅 50 岁。

飞机作为一种高科技尖端产品，在现代社会已经拥有比较成型的技术，有专门的飞机制造公司生产。可是这些农民仅凭着年轻时对军事知识的兴趣，就开始“不切实际”地造飞机。他们没有图纸，资金靠东拼西凑，有的甚至花光了全家多年的积蓄，一门心思造飞机，幻想着自己能飞上蓝天。应该说这些农民都是很聪明的，对事业也很执着，如果他们不造飞机，把精力用在其他方面，我想他们早就成了同龄人中的佼佼者。

而我自己，和那些造飞机的农民又有多大区别呢。书法艺术除了勤奋外，还需要天赋和灵性，有些事并不是人人都能做的。法国有一位叫奥里昂的老人，从二十岁起就决心做一名画家。他一直勤奋地画呀画呀，几十年如一日，但他的画却无人问津。四十年过去了，在他画了第 9999 张画后，他卖出了平生的第一张画。他欣喜若狂。确实，几十年的画画生涯对于他来说，能得到别人的承认多么重要，可是满头白发的他只卖出了一张画，这又是老人最大的悲哀，他是一个人生的失败者。

我很庆幸自己及时地放弃了写毛笔字。我发现，我还可以做其他很多有意义的事情，而且能做得很好。**一个人能否成功，理想很重要，勇气很重要，毅力很重要。但最重要的是，人生路上要懂得放弃。善于放弃的人，是聪明的人，更是明智的人。只有这种人，才是最有可能与成功握手的人。**

当舍则舍才能造就真得

师范学校毕业后，痴迷音乐的帕瓦罗蒂对自己究竟选择什么职业拿不定主意。他问父亲："我是当教师呢？还是做个歌唱家？"父亲回答说："如果你想同时坐在两把椅子上，你可能会从椅子中间掉下去，生活要求你只能坐在一把椅子上。"后来，帕瓦罗蒂愉快地选择了音乐，经过若干年的学习与积累，终于成长为享誉世界乐坛的三大男高音之一。

如果帕瓦罗蒂做教师，或者做一个音乐教师，这样既能教书育人，又能实现他酷爱音乐的梦想。应该说这样的选择也不错，可是帕瓦罗蒂的父亲却告诉他，不能同时"坐两把椅子"，帕瓦罗蒂毫不犹豫地选择了歌唱事业。父亲的这句话，成就了这位世界级巨星。

河南新乡市小吃培训学校校长、高级烹饪师苗玉林，将学校办得很好，培训了数千名学生，获得了一千多面锦旗。有些学员甚至放出豪言："感谢苗校长，幽默风趣，教学有方。我将通过卖小吃，争取挣到一百万。"应该说，在小吃培训这个行业，苗玉林做得很成功，不仅自己成功创业，还教会了许多人做小吃，帮助他们学会了生存技能。

苗玉林家过去生活比较困难，创业初期，他摆过地摊，卖过凉皮，每天起早贪黑，累得脚不沾地，总算积累下一些家产，才开办了这个小吃培训学校。可是自从苗玉林迷上小品表演后，一切都变了。虽然苗玉林的小吃培训学校仍然照常营业，可是他不务正业，把很多时间用在了创作小品、表演小品上，前后投入了三十多万元，目标是登上春晚舞台，一举成名。苗玉林痴迷小品，妻子根本不理解、不支持，甚至两次把他送进精神病院。儿子也委婉地批评他，说他不关心母亲，不关心孙子，成天扑在小品上，真是走火入魔。

可是苗玉林根本不听这些善意的劝告，他甚至给老婆立下军令状，如果不能登上2014年春晚舞台，就净身出户，跟老婆离婚。上春晚演小品，成了苗玉林的一个梦想，他甚至把这个梦想带上了浙江卫视“中国梦想秀”的舞台，希望打动梦想观察团成员，帮他圆梦。可是嘉宾潘长江明确地说：“你没有这方面的艺术细胞。凭我的经验来看，你根本不可能上春晚。你还是回家跟老婆好好过吧！”梦想大使周立波，也劝苗玉林回家好好陪老婆，那才是正事，最后苗玉林黯然退场。其实苗玉林应该很清楚，春晚舞台虽说是老百姓的舞台，但是竞争之激烈和残酷，不容许他想上就上。

苗玉林的本行就是小吃培训，他完全可以深入研究下去。全国的小吃很多，如果苗玉林拜师学艺，熟练地掌握各地小吃的做法，并将这些技艺发扬光大，我想苗玉林完全可以成为全国烹饪界的大腕，这比他去捣鼓什么小品，成天梦想上春晚有意义多了。

只坐一把椅子，相当于两只脚只能踏上一只船。如果你脚踏两只船，很可能就会掉下水去。这是一个朴素而深刻的道理，可是很多人却闹不明白，闹不明白就活不明白，最终一辈子一事无成，白白浪费了许多光阴和钱财。

人生相似不相同

今天我在河边散步，冷不丁抬头看见街对面五米开外有个男人，看背影和步态，特别像我的一个文友老陈。老陈和我比较投缘，大家有空聚在一起无话不谈，可谓知己。自从上次见面，一晃半年有余，实在有些想念。

于是我快步走上去，想和老陈打个招呼。我一拍这个男人的肩膀，亲热地说："老陈，好久不见哦！"那个男人一抖肩膀，猛地转过身，睁大眼睛瞪着我，有些生气地说："搞啥子？谁是老陈，我姓王！"那一刻我非常尴尬，连连道歉说："对不起，对不起，我岁数大了，眼神不好使，认错人了。"那人见我态度诚恳，这才悻悻而去。

这也不怨我眼力差，那个男人确实太像老陈了，一米七几的个头，国字脸，粗眉毛，鼻梁上架副眼镜，只是脸上没有痣而已。我十分郁闷，于是就拨通了老陈的电话，告诉他我刚才在街上认错人了，非常难堪。谁知老陈在电话那端哈哈大笑，他说："不怪你，已经有很多人把别人当成我了。主要是因为我长了一张大众脸，我也没有办法。还有些人调侃我，说我找了替身。你想我又不是名人，弄那些劳什子干什么？”

老陈说，从十八九岁起，就有人告诉他，在街上某个地方看见有人和他长得相像，每年都会发生几起这样的事件，可是自己却一直没有缘分看见那些人。这实在是个遗憾。

在我们生活的这个世界上，的确找不到两片一模一样的树叶，当然也找不到两个完全一模一样的人，就算双胞胎也会有些微的差别。然而从相似度来说，的确有长得十分相像的人，要不然那些模仿秀就没法进行下去了。

那些模仿秀，模仿者在声音、外形甚至动作上面，说的、做的可以跟明星非常接近，可是当明星本人现身的时候，模仿者立刻就会相形见绌。因为模仿永远只是模仿，永远都是拾人牙慧，那些明星的内在气质，模仿者是没法模仿的。要想超越被模仿者，模仿者还是得另辟蹊径，走自己的路，开宗立派，这样才能成名成家。

“学我者生，似我者亡。”这是白石老人的名言。这样的道理，几乎适用于每一个艺术门类。齐白石的关门弟子许麟庐模仿齐白石的对虾画达到了炉火纯青的地步，外人一般不能分辨出真假。也有很多人想学齐先生画对虾，但都不得要领。许麟庐为此很得意，有些飘飘然。齐先生看在眼里，并说了这句话。这句话犹如醍醐灌顶，一下子惊醒梦中人。许麟庐从此牢记恩师“学我者生，似我者亡”的教诲，博采众长，悟出了“寻门而入，破门而出”的八字心得。齐白石作画如写楷书，古朴凝重，许麟庐反其道而行之，以狂草笔法入画，形成了今天独特的大写意画风，成为一代宗师。

师傅领进门，修行在个人。修行看你怎么修，**如果能够站在前人的肩膀上有所创新，青出于蓝胜于蓝，那么你必然能够脱颖而出，成为大家仰慕的对象；如果你只会模仿，哪怕由形似进入到神似，也不过是个高级复印机而已。**

每个人心里都有一个英雄

美国有个许愿基金会，其原则很简单：全美国患重病的孩子成千上万，每一个孩子心里都有一个愿望；而我们每个人都有能力帮助这些孩子愿望成真。有个男孩叫迈克尔·卢科，他年仅六岁，却一直饱受囊胞性纤维瘤的折磨。他告诉爸爸妈妈，他最想做的事情就是帮助别人。在这个小男孩的想象中，这个愿望意味着一件事，成为一名超级英雄。

迈克尔心目中的超级英雄是蜘蛛侠的老伙计甲虫男孩，许愿基金会的工作人员为了实现迈克尔的这一英雄壮志而努力。一切准备就绪，一天清晨，正在吃早餐的迈克尔满脸阴云地抬起头，发现每天在这个时段播出的卡通节目插入了一则紧急新闻报道，整座城市陷入了危机之中。“甲虫男孩”，电视中的新闻主播苦着脸恳求道，“假如你能听到我说的话，请你赶快现身，我们需要你的帮助！”父亲永远都不会忘记迈克尔从桌边一跃而起的情景。他飞快地穿上自己的英雄服装，冲出大门。一辆鲜红色的大众甲壳虫轿车就停在他家的车道上，车是从当地一家租车公司借来的，警长的卫队就等候在车边。

他的第一站是匹兹堡动物园。在那里，迈克尔伸出他那只戴着红色手套的手，拦住了一辆呼啸而来的观光火车，救下了一名被困在铁轨上的漂亮女孩。然而，绿恶魔却借机逃走了。甲虫男孩继续追赶，一路追到了大学校园。绿恶魔扬言要向匹兹堡大学的美洲豹吉祥物发射“有毒的足球”。当甲虫男孩再一次粉碎坏蛋的阴谋时，早已收到电子邮件通知的大学员工们涌入体育场的看台，齐声为英雄甲虫男孩欢呼。早已准备好的学校乐队此时也一同走进操场，为甲虫男孩演奏颂歌，该校的足球教练还走出来，亲自感谢他为学校所做的一切。迈克尔顿时成了全校的焦点，直到大屏幕上播放出另一则来自绿恶魔的威胁：他扬言要对全市的供水系统下毒。在临近的市立公园里，甲虫男孩瞥到了绿恶魔的身影，这个大坏蛋正急匆匆地从喷泉旁边跑开。这座喷泉一直都是全市人民最喜爱的喷泉之一，但此刻喷泉已经干涸。只见甲虫男孩抬起他那只戴着绿色手套的手，隐藏在一旁的工作人员立刻打开阀门，清澈的水顿时喷涌而出。

在匹兹堡的大街上，经过一番紧张的追逐后，在众目睽睽之下，在大家热烈的掌声中，甲虫男孩终于在市政大厅的台阶上与敌人短兵相接。绿恶魔准备了一箱炸药，准备与众人同归于尽。在父亲和诸位警察的帮助下，甲虫男孩抛出了一张大网，套住了这个作恶多端的大坏蛋，心满意足地看着他被警察们戴上手铐。这时，市长和市政执法官走了出来，亲自向甲虫男孩表示感谢，并亲口宣布他就是这座城市的超级英雄。紧接着，来自“漫威”中的蜘蛛侠本人竟然亲自现身，向甲虫男孩表示衷心的祝贺。

根据许愿基金会的官方统计，至少有五百人参与了这次愿望成真表演，帮助迈克尔实现了他的心愿。时至今日，已经是一名高中生的迈克尔仍然对那神奇一天发生的每一件事都记忆犹新。当人们问起他最喜欢哪一部分时，他说道：“我真的很享受那种帮助人们，让世界变得不同所带来的刺激感和满足感。”

每个人心里都有一个英雄，都想成为英雄，但能够实现梦想的人寥寥无几。许愿基金会拯救梦想，满足孩子们最诚挚的愿望，让他们体验到真正的快乐。这样的组织没有功利和争执，没有计较和不愉快，其善举功德无量。

勇于向他人寻求帮助

从密歇根大学毕业后不久，兰德尔就在底特律最好的广告代理公司之一罗伯特·所罗门联合公司谋到了一份工作。入职后不到一周，兰德尔就被公司的创意总监凯瑟琳叫到了她的办公室。凯瑟琳端坐在她的办公桌后面，仪态万方，一只手里端着咖啡杯，另一只手里夹着一根香烟，用一侧肩膀夹着话筒，与此同时快速且有条不紊地向进出她办公室的每个人布置任务。

兰德尔就像一个听话的小学生一样，惴惴不安地走到她的办公桌前。凯瑟琳随手拿起一张报纸，冲他晃了晃。兰德尔的眼中立刻绽放出光彩：他的第一个重大任务，而且还是由他的上司亲手交给他的。

“拿着。”她说，“把这个 schlep 节目现场。”说完，她就把一份广告设计递到了他手中。兰德尔看上去就像是个来自中西部农场的大男孩，脸上稚气未脱的他看起来就像被一个大面团或大土豆砸中了一样，傻愣愣地站在那里——他不知道 schlep 是什么意思。他又在原地站了一小会儿，等待上司接下来的指示，然而凯瑟琳的注意力早已转移到其他人身上。在礼貌地回答了一声“好的，夫人”之后，兰德尔回到了自己的工位上，静静地冥思苦想。可是，没有任何头绪的他思索良久后依旧一筹莫展。

“也许，是复印的意思？”他想，“又或者，把它拆解开来？”他开始动手研究这个词语的含义。他先翻了翻自己的市场营销课本，里面没有任何关于 schlep 的内容。他又打开各类广告书，还是一无所获。如果他询问同事，这只会让他看起来像个无知的白痴。试试谷歌？结果依旧令他失望。

不然，直接去找他那个令人望而生畏的上司，告诉她自己不知道如何 schlep？如果他这样做，一定会马上被炒鱿鱼。“看来我不得不重返校园，去学法律了，”他心想，“我的这份工作算是彻底完蛋了。”

在痛苦中煎熬了两个小时后，兰德尔整理了一下思绪，决心面对这一事实。他走进凯瑟琳的办公室，房间里烟雾缭绕，几位广告策划正为了一位客户的产品展示据理力争，闹哄哄的。

兰德尔清了清喉咙：“对不起，打扰一下，夫人。”

谁也没有听到他的话。“夫人？”

“你有什么事，孩子？”终于，这位创意总监注意到了站在她面前的这个一脸紧张的年轻人，开口问道。

“我，我不知道 schlep 是什么意思？”

正如兰德尔害怕看到的那样，上司听了他的话后立刻哈哈大笑，甚至把杯子里的咖啡都洒了出来。她拨通了公司大老板罗伯特·所罗门的分机号码——她在电话里告诉他，他们刚刚聘请了一个大傻瓜。当看到罗伯特本人推门进来的时候，兰德尔瞬间便像石化了一般，整个人彻底呆住了。好吧，一切都结束了，他心想。

"罗伯特，"创意总监大声说道，"这个新来的小孩不知道 schlep 是什么意思。"

罗伯特大笑着摇了摇头，此时此刻，身穿一套崭新的布鲁克斯兄弟牌西装的兰德尔看上去显得更小更嫩。

"孩子，"过了好久，凯瑟琳终于说道，"schlep 是带来或带到的意思。你只要把这个带到节目现场就行了。别担心，你在这里会有出色的表现。当你不知道答案的时候，敢于开口提问是正确的做法。"兰德尔记住了凯瑟琳的话，不懂就问，很快就成了业务能手。他在公司里表现出色，年底就获得了升职。

就在那一天，兰德尔学到了朴实却相当重要的一课。一场迫在眉睫的灾难被他转化成了一次赢得老板青睐的绝佳机会。因为一个不懂的问题，凭借着自己的无畏无惧，他没有保持沉默，反而在基本常识的支持下鼓起勇气开口提问，没想到此举反而使得老板对他另眼相看。

不懂就问，暂时糊涂；不懂不问，一世糊涂。随着时间的推移，一个人的能力也会与日俱增，而那些自己的不懂之处或是错误，不

过是上天赐予我们学习和改进的机会罢了。谁也不是先知先觉，上知天文下知地理，一辈子不求别人帮助是不可能的。因此，我们不妨学会抛开骄傲，向他人寻求帮助。这样做可以避免发生那些足以破坏我们好意或几周来辛勤工作成果的小灾难。而且，无论你是老板，还是公司里最年轻的新人，这一点都是千真万确的。

成大事者重小节

去年我在美国游玩，在一家万豪酒店吃饭时，我点了一只虾、一份汤。这只虾就是裹上淀粉在油锅里炸了一下。吃的时候，我觉得外面稍微炸焦了一点儿，就把虾壳咬下来放在一边，没有吃。实际上，就算没有炸焦，我也不一定会吃，这是中国人吃虾的一种习惯。

过了一会儿，饭馆经理过来了，他说："先生，这只虾有什么问题吗？"我说稍微炸焦了一点儿。经理说要换一盘。我拒绝了，因为换一盘需要花时间，而且我也不觉得这有太大影响，更何况自己也吃得差不多了。经理说："我会处理的。"然后走了。过了一会儿我买单时，账单上只有汤的钱，没有了那只虾的钱。而虾是大头，汤是小头。我当时非常感慨，这家餐馆，真正把顾客就是上帝这句话落在了实处。顾客哪怕有一点不满意，餐馆方也会给出合理的解释和解决方案。而且，他能够主动发现顾客的不满意，就更加难得了。有了这样的经营理念，这家餐馆的业绩肯定蒸蒸日上。

二十多年前，我还是单身，住在乡镇上的某家单位的集体宿舍里。每天早上，我都是在场镇上的一家米粉店吃早饭，然后再去上班。这家米粉店主要提供肠粉，米粉盛在竹捞箕里，在开水锅里反复上下烫，米粉就熟了。然后将米粉倒入碗里，放上各种调料和浇头搅拌一下，食客就可以吃了。

那天我已经快要吃完面前的这份米粉了，正用筷子在碗里捞肥肠，可是却捞出一只蚊子来。我一阵恶心，差点把刚吃进去的食物吐出来。我想不能就这样算了，于是嚷道:“老板娘，过来看一下，汤里面怎么会有蚊子的？”那个系着围裙，满脸横肉的老板娘扭着屁股走过来，有些恼怒地说道:“你说什么呀？我们的卫生条件可是一流的。”我不好争辩，就说:“你看看我筷子尖上是什么？”那只死蚊子躺在筷子尖上，分外惹眼。老板娘说道:“哪有呀？哪有呀？我怎么看不见，你把筷子给我看看！”我不知是计，就把筷子递给她。老板娘在筷子上用手一抹，那只蚊子就消失了。老板娘把筷子举起来，高声说道:“大家评评理吧，这支筷子上面什么也没有！”其他的食客都用异样的眼神看着我，似乎我想吃霸王餐似的。老板娘得意地笑了。我无话可说，在桌子上放下米粉钱，头也不回地离开了那家米粉店。老板娘不仅没有丝毫歉意，反而倒打一耙，简直不可理喻！

前段时间，我去乡下访友，又从场镇上经过，那家米粉店早已经关门了。我问同样爱吃米粉的那位本地朋友，这家米粉店是怎样关门的。朋友说，卫生监督站多次接到顾客举报，说这家店里食物不卫生，苍蝇、老鼠和蟑螂出没司空见惯。相关部门调查后，情况属实，强令其整改，整改不到位，就取消了他们的营业资格，勒令关门了。其实这家米粉店的结局在我预料之中，因为当年老板娘那样处理，分明是在侮辱食客。受侮辱的肯定不是我一个人，米粉店肯定迟早会关门。

对于一堆虾壳和一只蚊子的不同处理方式，尽管只是小事一桩，但却预见了一家企业的走向，这就是细节决定成败最好的佐证。

放弃眼前小利获得长远大利

姐姐从省城回来，在迎祥广场附近开了间中餐馆。早上卖米粉、稀饭、馒头和包子，中午、晚上卖中餐。这里位于公园后门，客流量还是挺大的，特别是节假日期间，生意火爆。

开餐馆是老爸的主意。他有一个朋友姓张，外地人，在市医院附近开小餐馆，每天光中午就能够有 3000 多元进账，食客川流不息，有不少赚头。这还只是一个单门面的普通中餐馆。老爸经常在那个餐馆晃悠，觉得自己也能够经营。后来赶上姐姐原单位效益不太好，月薪不到 2000 元，她离婚后一个人过得很是艰难，老爸就动员她办了停薪留职，回老家来开餐馆。

姐姐开餐馆也有优势，她特别喜欢进厨房，平时就爱给我们鼓捣特色菜品尝，开餐馆也算是兴趣对口。再加上老爸老妈都退休在家，二老可以为她临时帮帮忙。

谁知小城的门面很不好找，最后是托熟人才在迎祥广场找到这个门面。门面是房管所的公房，月租金 500 元。这个门面以前也是开餐馆的，锅灶、炊具、桌椅也有一些，老板要求以两万块转让，我们答应了。谁知进场以后，才发现好多东西都不能用，又陆续添置了冰柜、消毒柜等物品，还高薪聘请了厨师，才算正式把餐馆开起来。

餐馆开张后，早晨的米粉生意一般，我们都很着急。米粉是一种快餐食品，上班族早上赶时间，基本上都选择吃米粉，小小县城里米粉店足有上百家吧，各有特色。

想要米粉好吃，关键是作料和臊子要有独特之处。作料要专门炒过，要炒出香味，当然离不了手工酱、八角、茴香籽这些东西，臊子一般就是肥肠、牛肉、杂酱和笋子，有些吃米粉的还喜欢加上一份咸烧白，那味道就更加舒服了。

着急不是办法，老爸又跑到张叔那里去取经，回来后就进行了改进，生意立刻大有改观。

原来迎祥广场附近的消费水平较低，我们赶紧把卖得最好的米粉二两一碗由三块五调整到三块，你可别小瞧这五角钱，很多人慢慢地就变成了回头客。另外，我们在给食客等米粉的间隙，借鉴中餐的做法，给客人倒上一杯茶水，客人吃完米粉后可以漱漱口，免得葱花、辣椒皮粘在牙齿上带来尴尬。一杯茶水一个回头客，特别是那些爱美的女士对此举大加赞赏。

虽然我们在经营上有一些小小的损失，利润减少了，但是食客多了，餐馆的口碑上去了，营业额自然能够芝麻开花节节高。

其实服务行业就是要比价格、比产品和比服务质量，多站在顾客的角度考虑问题，何愁不会顾客盈门、财源滚滚呢？这就是中国古老的商业智慧：舍得，有舍才有得。

其实我们做人也是这样，**学会舍得，必然能够给自己的生活带来新的起色。舍得，并不是消极。因为这世界太大，大到无论你拥有如何大的能力也不可能独得。所以要懂得学会放弃，用一种豁达的心，放弃那些不属于你的一切，你会忽然发现你的上空变得晴朗无比。**

怀着这份心，应该属于你的就会悄悄地出现在你身边。

人生就是天堂

圣经上说，好人去世以后会上天堂。天堂里有永不止息的爱。天堂是一个圣洁、公义、荣耀和完美的地方，那里有完全的平安、完全的喜乐和完全的满足。这种幸福的愿景，让每一个信徒都对天堂充满了无限向往。

可是去天堂有一个前提，那就是要去世以后。因此活着的人虽然认为天堂美好，但是要他们马上去天堂还是颇为不舍的，毕竟要抛弃人世间的一切。其实去不去天堂并不重要，只要我们保持快乐的心态，快乐地工作，那么人生就是天堂。

我家楼下的空坝子上，有一个修车摊，以修理自行车为主，有时也给摩托车补胎。这是山区打工者进城的必经之路之一，来来往往的自行车、摩托车从早到晚可谓过江之鲫般熙熙攘攘。机械用久了难免会出现一些毛病，比如爆胎这种尴尬事，因此修车摊的生意很不错。修车摊就是一辆老旧不堪的火三轮，所有的家当都在车厢里。车厢上搭着简易车棚，可以遮风避雨，甚至还可以躺在车厢里睡觉。

每天早晨七点左右，修车摊老板就骑着火三轮来了。老板姓唐，五十多岁，中等身材，见了谁都是一副笑脸。他一边收拾修车摊，摆放修车工具，一边大声地同来往主顾打招呼。收拾完毕，他就坐在板凳上一边等生意上门，一边大声地吼起歌来。有时候是“东方红，太阳升，中国出了个毛泽东。”有时又成了“妹妹你大胆地往前走哟，往前走，莫回呀头。”有民族唱法，也有通俗唱法，不过都不太准确，反正就那么刷啦啦地吼一嗓子。

最初他来摆摊的时候，过往行人、临街商铺都不适应，背地里说他是神经病，唱得孬，还拿出来丢人现眼。不过随着他在坝子上长期安营扎寨，大家也见怪不怪了。人活着都不容易，老唐修车一天也就挣五六十块钱，他唱唱歌、吹吹口哨什么的，就随他去吧。想唱就唱，唱歌不就是释放情绪的一种方式吗？看见别人成天这样高兴，我们的心情也会逐渐好起来，因为快乐是会互相影响的。

很难相信，美国石油大王洛克菲勒最初的工作居然是做簿记员，这样的经历他一辈子也难以忘记。那时虽然洛克菲勒每天天刚蒙蒙亮就得去上班，而办公室里点着的鲸油灯又很昏暗，但那份工作从未让他感到枯燥乏味，反而很令他着迷和喜悦。因为在岗位上表现突出，洛克菲勒得到雇主的肯定，并且主动不断地为他加薪。洛克菲勒认为，收入只是我们工作的副产品，做好我们该做的事，出色完成我们该做的事，理想的薪金必然会来。

天堂与地狱都由自己建造。如果你赋予工作意义，不论工作大

小，你都会感到快乐。如果你不喜欢做的话，任何简单的事都会变得困难、无趣，反之就大不相同。事情就是这样。

洛克菲勒在写给儿子约翰的一封信中说道：“如果你视工作为一种快乐，人生就是天堂；如果你视工作为一种义务，人生就是地狱。工作是一种态度，它决定了我们快乐与否。”这是积极的人生观，在修车匠和洛克菲勒的身上，都得到了验证，相信每个人看了都会从中受益。

让思路拐个弯

新东方总裁俞敏洪在一次演讲中提到，他于1980年考入北京大学西语系，期间患病（肺结核），休学一年，1985年毕业后留校担任北京大学外语系教师。俞敏洪的人生经历如果到此为止，那也是相当精彩的。北大学子，北大教授，这可是多少有志青年梦寐以求的身份啊！

然而在1991年9月，俞敏洪却从北大辞职了，毅然投身到民办教育的洪流中来，并逐渐成功地站在了全国英语教育培训的前列。2006年，俞敏洪任总裁的新东方教育科技集团在美国纽约证券交易所成功上市。2011年，俞敏洪荣登《福布斯》世界富豪榜。

俞敏洪说，他当时在北大的工资每月两百多块，住在学校提供的十平方米的宿舍里。然而这点薪水根本不够花，一家人随时都觉得缺钱用。如果就在北大这样的体制内待着，俞敏洪得耐心地熬下去，等资历熬够了，才能循序渐进地评职称、涨工资，这也是大多数教师的人生路线图。然而俞敏洪改变了自己的人生轨迹，抓住了民办教育和英语培训的发展契机，他成功了。

一个一平方米的水果摊，在中国的大小城镇市场可谓恒河沙粒般数不胜数。然而谁能想到，十多年后，一个女人从这个水果摊起步，成为2012年CCTV第三届三农创业致富榜样之一。她就是刘岩。“我看到的都是机会，我说我走的每一步，脚下踩的都是黄金。”刘岩身在水果摊，心却跑了很远。

2000年，第一家外资超市入驻大连，刘岩捕捉到了这个足以改变命运的商机，第一个为对方配送水果蔬菜。一年后刘岩成了大连最大的超市水果供应商。之后，超市开到哪，刘岩就跟到哪。但当她去长春给一家超市供货时，却遭到几家本地同行的联合打压，生意一时陷入困境。

刘岩决定改变进货渠道来避免恶性竞争。她到福建的柚子产区，向果农提出种柚子的花费她来垫付，所有柚子她都保价收购。从此这里成了她的基地，她也成了果农的知心大姐。此后，刘岩在全国开发了22个种植基地，10多万农户与她合作。从产地采购，低成本供货，成了她的核心竞争力。到2012年，刘岩在全国28个城市建立配送中心，为600多家大型超市稳定供货，年销售额达到6.9亿元。

如果一辈子都守着那个一平方米的水果摊，也许刘岩这辈子也就混个温饱而已，这也是大多数小商贩的命运。然而刘岩却是其中的另类，她果断改变经营思路，抓住商机，反而成就了自己的七彩人生。

在美国西部的淘金狂潮中，许多人都涌向西部，前赴后继地疯狂淘金。但也有少数聪明的人向淘金者卖水，淘金者用挖出的金子来交换水。几年过去了，真正淘到金子的人没多少，而在路边向淘金者卖水的人却都赚了大钱。最后，挖金的人大都死于饥渴，而卖水的人却大多衣锦还乡了。

思路决定出路，出路决定命运。很多人都把这句话背得滚瓜烂熟，奉为成功圭臬，然而在现实社会中，稍微碰到些许挫折，大部分人就开始抱怨起来，比如说社会不公平啦，自己命相不好啦，没有贵人帮助自己啦等等，他们就是不在自己身上找原因。如果我们能让思路拐个弯，像刘岩、俞敏洪和卖水者那样，也许立刻就能峰回路转，收获到成功的喜悦。

跳出禁锢思维的圈子

纽约有幢高层办公楼，租户们向物业经理抱怨，电梯服务极差。他们说，上班高峰时，等电梯的时间太长了。因此，好几家租户威胁说要解除租约搬走。物业经理非常着急，赶紧找人想办法。

他首先向一家从事电梯系统设计和运行的专业工程公司求助。工程师们在听了对问题的描述后，花了时间调查，确认等电梯的时间确实有点长。于是，他们对经理说，有三种办法可以应对当前的局面。一是增加电梯数量；二是把现有电梯换成速度快一点的电梯；三是引进电脑控制，要是这样做，前面两种办法都可以不选。一般来说，旧电梯要先上到楼房的顶层，然后再返回一楼。如果选择第三种办法，楼上没人等电梯时，通过电脑控制就可以让无人乘坐的电梯下到一楼。管理人员授权对此进行研究，以确定哪种是最佳方案。研究表明，由于楼房年代久远，上述工程方案都不能经济地解决问题。工程师说，管理人员只得永远忍耐这个问题了。

经理非常绝望，赶紧召集所有员工开会，希望集思广益，能够找到解决问题的方法，毕竟这关系到大家的经济效益。大家七嘴八舌，提出了很多建议，但每个建议基本都被否决了。经理发现，有一位新来的员工约翰没有发言，就问他有什么高见。约翰红着脸站起来，嗫嚅着说，他没有什么高见，只有个简单的方法不妨一试，说不定能化解这个问题。

约翰说，这幢大楼上班的多是年轻人，他们性子急，等待了几分钟就怨声载道。关键是在这几分钟内，他们在电梯前无所事事，我们可以想个办法让他们一边等电梯一边愉快地度过这段时间。我们只需要在上电梯的地方安装两三面镜子，这样一来，那些等电梯的人就可以看看镜中的自己，整理一下妆容。或者借机看看别人，但是对方却意识不到自己被人偷看了。经理采纳了他的建议，镜子很快装好了，成本低廉，等电梯时间长的抱怨声也随之消失了。现在，高楼里电梯走廊安装镜子的做法已是司空见惯，有的甚至会安上一部液晶电视，播放广告。二者的目的，都是为了打发等待者的时间。

联合利华引进了一条香皂包装生产线，结果发现这条生产线有个缺陷：常常会有盒子里没装入香皂。总不能把空盒子卖给顾客啊，他们只得请了一个学自动化的博士后设计一个方案来分拣空的香皂盒。博士后拉起了一个十几人的科研攻关小组，综合采用了机械、微电子、自动化、X 射线探测等技术，花了几十万，成功解决了问题。每当生产线上有空香皂盒通过，两旁的探测器会检测到，并且驱动一只机械手把空皂盒推走。中国南方有个民营企业也买了同样的生产线，老板发现这个问题后大为光火，找了个小工来说：“给老子把这个搞定，不然你给老子滚。”小工花了 90 块钱买了一台大功率电风扇在生产线旁边猛吹，于是空皂盒都被吹走了。老板大喜，重奖了他。

安镜子、用电风扇这样的办法，既经济实惠又管用，为啥那些高学历者想不出来呢？因为他们思维已经僵化了，而**智慧往往需要我们跳出固有思维，独辟蹊径，不按规矩出牌，如此必能收到奇效。**

放弃即拥有，有舍就有得

2008 年北京奥运会上，雅典奥运会冠军杜丽在女子 10 米气步枪决赛中，10 枪仅打出 100.6 环，获得第五名，与冠军失之交臂，也让中国射击队的主场首金梦落空。杜丽在比赛后，失声痛哭。

自雅典奥运会夺冠后，杜丽的状态一发不可收拾，她在各项国际大赛的赛场让更多人认识了这位来自中国的神枪手，在世界杯、世界杯总决赛、世界锦标赛等等一系列国际顶级水准的较量中，杜丽无一例外地交出了骄人的成绩单，摘取了世界大赛的“大满贯”。而随着前辈们纷纷收枪退隐，杜丽自然而然地成为女子 10 米气步枪的“一姐”。

赛前的杜丽，一直被大家看好。从报纸、网络等媒体，到射箭队的教练，大家一致认为杜丽能够完成这个历史使命，这反而给了杜丽巨大的压力。事实上，正是奥运主场首金这个沉重的包袱，压垮了杜丽。

等了四年，如果杜丽能成功卫冕，当然可喜可贺。因为能够参加奥运会，本身就证明了自己的实力。可是杜丽的对手，个个实力都不弱，真可谓强手如云。别人都是为争冠军而来，而杜丽却是为了保住这个冠军。一争一保，二者在心态上就有很大的差距。

赛场如战场。在有些经典战役中，为了打敌人个措手不及，指挥官经常让士兵放弃辎重轻装前进。士兵们没有了负担，就会在比速度中抢得时间，从而争取到胜利。成者王败者寇，这就是现实。如果你获得了奥运会冠军，那么你会发现，各种荣誉和光环让你应接不暇。与之伴随而来的，还有源源不断的利益。庞伟获得男子 10 米汽步枪冠军后，有人说他这一枪就打下了至少两百万。

有媒体称，在奥运会开始前，国家体育总局射击射箭运动管理中心曾与某企业签署合作协议。该企业豪言将奖励射击队奥运首金 1000 万元人民币。事后射击射箭运动管理中心主任高志丹澄清，该企业是因为看重奥运首金很可能落户中国射击队才签约，但想要拿满 1000 万，射击队需要获得 5 枚左右的金牌。如今首金已经花落女子举重项目，但白纸黑字的协议依然有效，一枚射击的奥运金牌奖金，将在 150 万元左右。若加上国家、地方体育局方面的众奖，庞伟射落这枚金牌至少将得到 200 万以上奖金，这还不包括奥运会后各企业的赞助、奖励。

奥运会是个名利场，然而名利是把双刃剑，可以激励人努力拼搏，也能让人裹足不前。放下名利，以一颗平常心来打好自己的每一场比赛，胜不骄败不馁，我想这是每一个奥运健儿都应该具备的心态。因为**放弃即拥有，只有暂时的放弃，才能最终品尝到胜利的甘甜。**

放弃即拥有，有舍才有得，我想这个道理不仅仅适用于杜丽。

有些精彩不容错过

有个美国建筑师纽曼，和妻子丹娜、一对儿女住在城郊。丹娜是个全职太太，相夫教子，全力操持家务。纽曼刻苦工作，经常熬夜制图，一心要成为老板的合伙人。一家人相处得其乐融融，成天欢声笑语不绝于耳，这样的日子可真是让神仙也羡慕。

可是再幸福的家庭也会遇到一些麻烦，纽曼家也不例外。为了成为老板的合伙人，纽曼拼命表现自己，把工作带到家里，公私不分。他渐渐地疏远了妻子，冷淡了儿女，甚至连对自己的父母来家团聚也敷衍了事。

这一切，都是因为纽曼无意中得到了一个万能遥控器。遥控器可以将不喜欢的生活片段跳过，让自己一心一意扑在工作上。遥控器家家都有，但是纽曼这个是万能的，可以让人生快进、倒退、暂停和播放。最要命的是，遥控器具有自动记忆功能。你一旦设定某种功能，那么下次遇到同样的情况，遥控器就会自动执行。在工作狂纽曼的生命中，堵车、生病、吵架这些生活片段都跳跃过去了，纽曼甚至连奋斗成公司合伙人的过程也省略掉了，他直接就享受到了成功的喜悦。

纽曼的确成功了，他成了公司的老板，可是纽曼失去的就太多了：妻子改嫁了，父亲去世了，儿女长大成人后跟自己恍若陌路。这时纽曼才发现，这个万能遥控器让他变得万劫不复，那些生命中的精彩片段他都没有经历过，家庭生活千疮百孔，可谓是在世上白来一遭。在生命的尽头，纽曼郑重地告诫儿子："家庭第一！"

这当然是个虚幻的故事，可是纽曼的经历在很多中年男人身上都能找到影子。家庭与事业，孰轻孰重，这实在是个让人头痛的问题。男人三十而立，然而并不是每个男人都那么幸运，能够取得事业的成功。绝大多数还是如你我一样，碌碌无为，过着平平淡淡的日子。对于普通的工薪族来说，夫妻之间为了拮据的生活说不定时不时会争吵两句，或者为了功课而同孩子发生摩擦，这些都是生活的真实反映，它让我们波澜不惊的日子变得有滋有味。

农民工们为了生活，每年像候鸟一样漂泊在熙熙攘攘的大城市，把自己的青春留在了一成不变的流水线上。而他们的孩子，却在故土陪着年迈的爷爷奶奶，只能通过电话与父母说上几句话。有谁知道，那些留守儿童半夜醒来，看不见自己的父母，多少次泪湿枕头啊！这些劳碌的农民工，与工作狂纽曼又有多大区别呢？他们错过了看着孩子成长的机会，而这种经历是金钱弥补不了的。留守儿童在心灵上是孤独无靠的，他们不可避免地受到了某种程度的伤害，这正是需要社会关注的原因。

生活就像大海，有时风平浪静、静如处子，有时狂风暴雨、桀骜不驯。而我们，除了事业，要做的就是与家人一起分享生命中的辛酸与快乐，千万不能像纽曼那样，错过那些生命中最平凡却最值得回味的片段。

宁可失钱，不可失信

美国一位女记者甄妮陪伴丈夫从纽约到东京公婆家做客。她在东京某百货公司买了一台索尼牌唱机。等他们到家里打开试用时，不禁大吃一惊，原来这台唱机没有内件，是一台空心唱机。甄妮准备在第二天上午 10 时赶到公司交涉，但就在 9 点 55 分，销售公司却先来了紧急电话。电话中说，公司总经理立刻要送一台新的唱机到她家。

50 分钟后，一辆汽车赶来了，跳下来的是公司总经理和一名年轻职员。来到客厅门口，他俩便俯首鞠躬，表示特来请罪。这个青年一面屈膝行礼，一面把他的记录簿读给大家听。上面记载着公司怎样通宵达旦纠正错误的经过：

昨日下午 4 点 32 分，售货员发觉这个错误后，立即报告警卫人员迅速寻找这位美国顾客，但为时已晚。遂报告监理员，监理员再向监督报告，接着又向总经理报告。经过讨论，大家认为只有一条线路可循，即这位顾客的名字和留下的一张“美国快递公司”的名片。但考虑到甄妮可能还留在东京，因此当晚连续打了 32 次紧急电话向东京和四周的旅店查询，但是毫无结果。公司又打长途电话给纽约“美国快递公司”总部打听，深夜接到回电，得知这位顾客在纽约父母家中的电话号码，当晚公司再打电话前去联系。根据甄妮母亲提供的电话，找到了甄妮夫妇在东京公婆家的电话。因此在今晨打了35次紧急电话后，终于找到甄妮，修正了这次失误。

总经理亲自给甄妮演示了新带来的这台索尼唱机如何使用，所有功能都和广告上描述的差不多。甄妮如释重负，愉快地签收了。总经理说，那台空心唱机他们带回去后，将放在他办公室里，作为一个永远的前车之鉴。

甄妮一家大为感动，先前因为产品缺陷带来的不快一扫而空。甄妮说，她原计划上午10点要去公司理论，哪怕争吵一番也无所谓，关键是要让出售伪劣商品的店家付出代价。没想到公司想方设法地找到了她的住址，调换了产品，从而避免了一场无谓的争吵。

这场争吵对于甄妮来说不算什么，大不了交涉不下来再向主管部门投诉。可是对于代理索尼唱机的公司来说，麻烦就大了，商业信誉受损，试问谁还敢在这样的公司购物呢？

诚信经营是商业的灵魂。国人一向讲究“质量第一，信誉至上”，可是我们在生活中，还是经常遇到假冒伪劣，这样的例子举不胜举。白酒五粮液是川酒的六朵金花之一，销售十分火爆，一度成为请客送礼的必需品。于是有些见利忘义的奸商，搞了和五粮液一样的包装，只不过商品名换成了“五根液”，以次充好，牟取暴利。虽然五根液酒瓶内的白酒也是粮食酒，不会喝出人命，但是那口味和五粮液相比就差远了。后来因为有顾客上当后举报，工商局才查处了这样的假货，当事人被追究刑事责任送进了监狱。

诚实守信是基本的公民道德，适用于任何个人或者团体。如果我们都像出售索尼唱机的代理公司一样，维护自己的商业信誉，踏踏实实做事，老老实实做人，何愁自己的事业不会蒸蒸日上呢?

诚信是为人之本

1932 年，丰子恺的缘缘堂在故乡石门落成后，他就携家带口隐居在此，读书作画、写文赋诗。在他看来，这就是所谓的理想生活了。那时孩子们还小，丰子恺一边搞创作，一边带孩子，倒也其乐融融。丰子恺爱子女是众所周知的，他的许多漫画作品直接就以他的子女作描绘的对象，比如《瞻瞻的车》画的是他的长子，《阿宝赤膊》描的是他的长女，如此等等，不一而足。丰子恺自然也知道真正爱孩子是要让他们受教育，所以，他对孩子的教育非常重视，不敢有丝毫大意，而且特别讲究策略，值得我们学习。

有一次，丰子恺正陪着四个孩子在家里练习画画。突然从弄堂里传来一阵“哟咿哟咿”的声音，孩子们听了，异口同声地叫起来:“小鸡，小鸡，看小鸡！”说完，也不管丰子恺同不同意，就撒腿跑了出去。喜欢小动物，这是孩子的天性。丰子恺不便说什么，于是也赶紧尾随了出去。在弄堂里，一个鸡贩挑着一副担子，前后足有上百只小鸡，哟咿哟咿地叫着，热闹得很。孩子们一看爸爸出来了，都蹦蹦跳跳地叫起来:“买小鸡，买小鸡！”孩子们拉手拽衣服，都可怜兮兮地看着爸爸，想让他尽快做出买小鸡的决定。有个孩子还抓住鸡贩的担子，不让他离开。

丰子恺对于养小鸡毫无兴趣，因为养鸡麻烦，要喂粮食，要打扫卫生。可是住在石门乡下，寂寞难耐，让孩子们有些小动物陪着玩，也是件美事。养几只鸡在家里，至少可以打破这暂时的寂寞，也让孩子们的童年留下些美好的回忆。

打定主意，丰子恺就问鸡贩小鸡多少钱一只。鸡贩看着这阵势，知道这家人今天非买小鸡不可。于是就一口说道："一块钱四只。"丰子恺有些迟疑，一块钱四只的确有些贵，很明显鸡贩是存心想卖高价。于是他试探着问道："可以便宜些吗？"

鸡贩担起担子就走，嘴里回道："一块钱四只，不能便宜了！"孩子们见势不妙，看着鸡贩远去的背影，有的就号啕大哭起来。这时隔壁邻居大嫂走出来，笑着劝慰孩子们道："不要哭！这两天卖小鸡的多得很，一角钱一只也能买到。一会儿有鸡贩路过，我叫你们出来！"原来小鸡竟是这样的行情。

丰子恺拽着四个哭哭啼啼的孩子回到家，对他们说："你们嚷着买小鸡，嚷得越大声，那人越不肯降价。我们待会再买吧，隔壁大嫂会叫我们的，只是你们下次……"丰子恺本想告诉孩子们"看见好的嘴上不可说好、想要的嘴上不可说要"，可是他看着孩子们天真无邪的眼神，想起自己平时教导子女"做人要诚实，切不可当面一套背后一套"时，他活生生地把后面的话咽了回去。他实在不忍心过早地让孩子们接触到这些口是心非的话语，那会让他们幼小的心灵无所适从，他们会怎样来看待这个充满陷阱的成人社会呢?

我认为丰子恺这样教育子女还是非常明智的。**孩子的心灵犹如一张白纸，我们应该尽可能在这张白纸上留下一些美好的事物，而不是不加选择地将一些假丑恶的东西传递给他们。**

不要过于追求完美

南宋时期，梅城县知县白某年过七旬，已经为官四十九年。按理说，他这么大年纪了，早就该告老还乡，含饴弄孙，享享清福了。可是梅知县总觉得自己精力充沛，还能为朝廷效力。梅知县为官多年，一直没有冤假错案发生，又不吃拿卡要，因此在当地颇得百姓拥戴。上级奏明朝廷，要求嘉奖白知县，于是他获得了一块“百官楷模”的金匾。对于一个知县来说，这块匾额相当于“全国先进”，颇为不易。

这块匾额放在县衙大堂，公务之余，白知县总会驻足于匾额前感慨一番。回首自己几十年为官生涯，兢兢业业，如履薄冰，最终政声远扬，被老百姓誉为“白青天”，他不免有些沾沾自喜。白夫人见白知县整天沉迷于过去的功绩里，就善意地提醒他：“人老了难免会犯糊涂，你能保证自己一辈子不出冤假错案吗？”白知县说道：“老马识途，我虽然年岁大些，但是办案绝对不亚于那些年轻人。这样吧，我再干最后一年，凑够五十年整，咱们就回老家去。”

谁知时运不济，在最后一年任期内，梅城县城就发生了一起人命案：“一个少妇被人在家里强奸致死，而所有的证据都指向一位绸缎商人王某。此人也曾读过一些圣贤书，但仗着家底殷实，为富不仁，在梅城县就是一个西门庆似的人物。有街坊亲眼看见他之前经常言语上调戏那名少妇，而且案发前还经过少妇家门口。”经过一番调查，白知县将王某缉拿归案，审讯之后，就押入大牢，准备秋后处斩。这件轰动全城的人命案，就这样了结了。卷宗上交到州府提刑官宋慈处，宋慈经过一番推敲，发现了许多疑点。于是亲自到梅城调查，最终查明凶手另有其人，王某无罪释放。经此一案，白知县若干年的清名毁于一旦，若不是宋慈及时调查，查明真凶，那么王某已经身首异处了。

人命关天，白知县最终引咎辞职，戚戚然地离开了梅城县，给自己的为官生涯画上了句号。其实在我看来，这都是白知县过于追求完美的结果，为什么非得凑够五十年官龄呢？为官四十九年有何不可？而且当时急流勇退，离开瞬息万变的官场，岂不美事一桩？到头来晚节不保，反而落得一个乐极生悲的下场，这就是惨痛的教训啊！

在我们周围的生活中，有很多人都喜欢追求完美，结果往往适得其反，最终离自己的既定目标越来越远。世上不如意者十之八九，十全十美的结局不是没有，但绝对是凤毛麟角。为了追求完美，为了超越别人，我们过得并不快乐，完美已经成为一个美丽的负担，让我们不能自拔。

为了使自己的情绪免受“污染”，最好不要过于追求完美，因为很多时候，追求完美的人是跟自己的能力过不去，跟自己的健康过不去。瑞士学者研究发现，完美主义者更容易在生活中产生心理压力带来健康隐患。他们的处事标准完全是自我强加的，如果完美主义者能使自身标准更贴近真实情况，那么他们就能增强信心，并减少社会压力给自身带来的影响。因此对于这些人来说，不妨降低一下标准，与自己妥协一下，使自己保持良好的情绪，要知道，健康比什么都重要。

退一步海阔天空

那年我在一家酒厂做销售员，通过一次机会联系上了西宁的一家白酒经销商张总。他喜欢选择那些有发展潜力的地产酒，这样的酒界黑马稍加宣传，就可以利用现有的销售渠道铺货，从而获得较高的收益。我们的酒厂正好符合张总的标准，达成意向性协议后，酒厂派我到西宁去签合同。临出发前，酒厂给我提供了合同的样本，要我严格按照上面的标准执行。也就是说，对于产品的出厂价，我是没有决定权的。

到西宁后，我才知道，张总这次一共选择了三家酒厂。临签合同时，张总却突然提出产品的出厂价还要下调一点，不然就选择其他厂家。我很为难，也很着急，赶紧给厂长打电话汇报。可是厂长却态度坚决地说，出厂价他专门请人进行过成本核算，再让步厂方就没有利润了。其实我知道，不是没有利润，只是利润少点而已。我很遗憾地离开了西宁。事后我打听到，另外一家酒厂也是四川的，对方厂长亲自赶到西宁，答应了张总的苛刻条件，并且提出可以让经销商先卖货，后付款。他们的产品通过张总的销售渠道，逐步占领了西宁的中档白酒市场，并且收回了全部货款。

我很惋惜，如果厂长妥协一下，不那么固执，也许占领西宁市场的就是我们了。人生何尝不是这样？**人生总会遇到难题，而妥协不失为上策。妥协，是一种适度的弯曲。在困难与压力面前作适度的低头是人的一种基本生存能力，在强大的压力面前死撑硬拼只能带来无谓的牺牲。**妥协是一种屈服，但并非屈辱；妥协是一种请求，但并非乞求；妥协是一种软弱，但并非卑贱。妥协与放弃无关，因其一波三折，反更显执着。好比眼前一汪水，跨过去、跳过去，或者干脆趟着过去都可以，最多多洗一双鞋，脚丫子难受一会儿。可想想跨度不够大，跳得不够远的风险，还有那洗鞋和洗脚的时间，不如绕过去。绕过去的美妙在于把投入风险降到最低，而又能获取同样的回报。

我到菜市场买菜，常常是老板出一个价，我出一个价，老板说，你还高一点，我说你再低一点。他抬价我压价，我压价他抬价，双方各让一步，最后结果是：生意成交。人生也是一个菜市场，上帝向人出售快乐，出售幸福，出售成功，出售命运，我必须与上帝讨价还价。我知道我无法实现理想人生，但我还能与还算过得去的人生成交。

当今社会，妥协是民主的精髓，是多数人的决定和对少数人的尊重。美国的参议院和众议院通过提议的过程就是妥协的过程。妥协还是国际关系和外交的全部内容。不同民族、国家、文化要达成共识，没有妥协几乎是不可想象的。前不久，韩国人质事件的顺利解决，就是韩国政府和阿富汗塔利班武装分子妥协的结果。塔利班放弃用韩国人质同阿富汗政府交换囚犯，而韩国政府同意从阿富汗逐步撤军，同时不再派人到阿富汗传教。很难相信，如果按照美国的做法，坚持不与塔利班谈判，也许那 19 名韩国人质只能葬身在异国他乡了。

妥协是一种智慧，妥协是你伸出一只手，我伸出一只手，咱们握手言欢，求取人生的最大公约数。学会妥协，你就走上了成功的人生之路。

“大智若愚”不是真“愚”

明朝建文帝登基后，听从齐泰、方孝孺等人的建议开始削藩。晋王、秦王等藩镇亲王死的死，抓的抓，一场巩固皇权的斗争，变成了帝王家族内部的灾难。到最后，仅仅剩下实力最强的燕王朱棣。燕王朱棣镇守北平，维持了明朝北疆的和平与安定，蒙古人的铁骑再也没有踏进中原半步。燕王文韬武略，其才干远在朱元璋其他皇子之上，是朱元璋最为器重的儿子。朱棣原以为太子朱标死后，父亲会将他册封为储君，可是朱元璋却将朱允炆立为皇太孙，而其亦顺利地登上皇位。

朱棣心中不服，朱允炆也知道他内心不服，迟早都会发动叛乱。于是他们先后调走了朱棣的谋士南轩公，削掉了他的兵权，将他的两个儿子作为人质扣留在南京，并且安排了徐诚作为北平布政使监督燕王府的一举一动，将军铁平控制了北平周围的部队。这时的燕王，真的是穷途末路，生命危在旦夕。在接到湘王临死前送来的密信后，朱棣开始装疯，他钻进王府的大鱼缸里，披散着头发在里面游泳，抓住金鱼就开始吃，并且大声地叫喊着：“我是东海龙王，我要见玉皇大帝。”或者“我是太上老君，我要见玉皇大帝！”

之类的疯话。有时候，燕王还要到集市上去撒泼，搅得老百姓做不成买卖，一时舆论哗然。除了几个心腹幕僚之外，所有人都被蒙在鼓里，就连王妃也毫不知情。

燕王发疯的事情，瞬间传遍了北平城。其实这也在情理之中，所有的权力都被剥夺了，自己的兄弟们一个个被建文帝杀掉，而且还要不断上奏折，揭发这些被废亲王的罪行，拥护建文帝的削藩举措。到最后，肯定燕王也是在劫难逃，因为大家都知道他雄才伟略，是建文帝的最大潜在对手。这样的事情，放在任何一个人身上，都是莫大的刺激，那种死亡前的滋味不好受啊。这就是一场猫鼠游戏，等死的煎熬，不把人逼疯才怪呢！

燕王发疯，很快就被报到了南京。经过各方面信息的确认，建文帝相信了，产生了恻隐之心。对于一个疯癫的人来说，跟死人又有多大区别呢。于是建文帝放松了对燕王的控制与迫害，谁知道燕王正是利用发疯装病在给自己争取时间。最终燕王凭着八百精兵，将建文帝从皇宫里赶了出去，这才有了后来的明成祖。

兵不厌诈，装疯卖傻，有时候正是保命的良方。大丈夫能屈能伸，又岂肯在乎那一朝一夕的得失呢？与此类似的，还有孙膑。孙膑被庞涓设计陷害去掉髌骨后，他开始装疯卖傻，撕毁辛苦写就的兵书，整天傻兮兮的，时而哭时而笑时而叫。庞涓生性狡黠，恐其佯狂，遂命左右将他拖入猪圈中，孙膑披发露面，倒身卧于粪秽之中，大异常人。孙膑整日狂言诞语，或哭或笑，白日混迹于市井之间，晚间仍归猪圈之内。数日后，庞涓才相信孙膑是真疯了。孙膑装疯避祸，最终得以逃脱庞涓的控制，并且报仇雪恨。

装疯卖傻，是一种艺术，是聪明人在自己实力不济时向对手示弱争取同情的缓兵之计。这算是大智若愚的一种表现。一旦此人装疯结束，那么对手必将迎来一场暴风骤雨般的打击，这也是装疯避祸的必然结局。

宽容是一味良药

乔治是维也纳的一个资深律师。在二战期间，他逃到瑞典，一文不名，很需要找份工作来维持生计。因为乔治能说并能写好几国语言，所以他希望能够在一家进出口公司里，找到一份秘书的工作。绝大多数的公司都回信告诉他，因为正在打仗，他们不需要这一类人，不过他们会把乔治的名字存在档案里。

不过，有一个人在给乔治的信上说："你对我的生意完全不了解。你既错又笨，我根本不需要任何替我写信的秘书。即使我需要，也不会请你，因为你甚至连瑞典文也写不好，信里全是错别字。"

收到这封回信，乔治简直气疯了，觉得自己受到了极大的侮辱。一个资深律师，曾在维也纳出入上流社会，受多少人尊敬啊！而如今，虎落平阳被犬欺，居然遭到一个无理商人的教训。于是乔治打算写封回信，以其人之道还治其人之身，让那个商人也大发脾气。可是还没有动笔，乔治就觉得自己这样不妥。自己是来找工作的，可不是专门与人斗气的，那样于事无补。他想："我怎么知道这个人说的不是对的？我修过瑞典文，可是并不很精通，也许我确实犯了许多我并不知道的错误。如果真是这样，那么我想得到一份工作，就必须更加努力学习。这个商人心直口快，忠言逆耳，他帮了我的大忙，让我认识到自己的不足。虽然他的话很难听，但话丑理端，我应该写封信感谢他才是。”

于是乔治赶紧写了这样一封回信：“你这样不嫌麻烦地给我回信简直是太好了，尤其是在我得知你并不需要一个替你写信的秘书之后。对于我弄错贵公司的业务，我深感抱歉。我之所以写信给你，是因为别人给我推荐说，你是这一行的领袖。我并不知道我的信上有很多文法上的错误，我觉得很惭愧，也很难过。我现在打算更加努力地学习瑞典文，以改正我的错误，谢谢你帮助我走上改进之路。”

过了几天，乔治就收到那个商人的回信，请乔治去公司见面。乔治去了，一番推心置腹的谈话后，商人觉得乔治是个可造之才，就让他留下了。乔治觉得深感欣慰，也非常幸运，因为主动表明姿态的一封感谢信，自己得以在瑞典生存下来，这都是宽容带来的结果。

宽容是一味良药。宽容是人格魅力中的要点。一个以敌视的眼光看待人，对周围的人戒备森严，心胸狭小，处处提防，不能宽大为怀的人，必然会因孤独而陷于忧郁和痛苦之中；而宽宏大量，与人为善，宽容待人，能主动为他人着想，肯关心和帮助别人的人，则讨人喜欢，被人接纳，受人尊重，具有魅力，因而能更多地体验成功的喜悦。

古人云："地之秽者多生物，水至清者常无鱼。故君子当存含垢纳污之量。"世界本来很复杂，什么样的人物都有，什么样的思想都有，如果你事事与人计较，只会堵住自己的后路。一个人必须具备容纳污秽与耻辱的能力，再加上包容一切善恶贤愚的态度，才能有圆满的人际关系，从而获得成功。

人生需要留个备胎

某个深夜我从省城驾车回家，途经市郊的下穿隧道时，汽车突然发出哐啷一声巨响，接着方向盘就有些失控。我赶紧松油门退档减速，将汽车滑行到前方的一处加油站停下。直觉告诉我，前轮爆胎了，需要紧急停车检查一下。

车内的朋友一下子着急起来："这可咋办？现在已经深夜十二点了，汽车修理厂也关门了，我们莫非要在这里等到天亮？家里人可着急了，已经打了几个电话。"瞧他们那心急火燎的样子，我暗自好笑："各位，你们不知道汽车都有备胎吗？最多半个小时，我就可以把备胎安上去，我们就可以回家了。"那几个急性子又一下子欢呼雀跃起来，备胎真是太好了，这可真是有备无患。

于是，我打开汽车后备厢，取出备胎和工具，大家七手八脚地帮忙，很快地就把备胎上好了，总算把这帮朋友安全地送回了家。如果没有备胎，这一路可真是不堪设想。

以前我喜欢骑摩托车旅行，整个四川都被我跑遍了。有一次，我和老张骑摩托车去川西高原。本来我是走在前面的，老张和我相距不过五十米远，我在后视镜中就可以看见他。可是过了不久，老张就在我后视镜中消失了。我的心一下子绷紧了，这小子莫非出了什么事，电话也不打一个。我赶紧掉转车头回去找他。原来老张的弯梁车爆胎了，烂在了机耕道上。老张坐在地上一筹莫展，连电话也忘记给我打了。还好我带着一只打气筒，我试了试，还可以打气，可见轮胎受到的破坏并不大。

然而令人分外沮丧的是轮胎最多跑五里路又没气了，又得重新打气。草原上人烟稀少，跑几十公里都难得见到一个城镇，更不用说找摩托车修理铺了。就这样走走停停，我们总算熬到了若尔盖县城，重新换了内胎才算去掉这块心病。从此以后，每次骑摩托车出去旅行，我都要带上一条内胎和打气筒，直到前些年我把前后车胎都换成真空胎，这才免掉了爆胎的隐患。

汽车装有备胎，骑摩托车出远门带条内胎和打气筒，都是防患于未然，让我们在出现突然状况的时候不至于感到手足无措。凡事预则立不预则废，我们的人生实际上也需要准备一个备胎。**人生就像大海中的一叶方舟，有了目标，才会有方向，有了补给，生命才得以延续；人生还像峰峦中蜿蜒前行的越野车，有了汽油，只是有了动力，有了备胎，才会拥有保障。**

当今社会竞争激烈，优胜劣汰是一种常态。今天你可能还是一位千万富豪，豪宅和靓车伴你左右。明天如果你生意失败，那么这些物质享受都会离你远去，说不定为了躲避债务你还得东躲西藏。

然而只要你给自己留有备胎，那么你就有了东山再起的机会。

商界传奇史玉柱不就是一个鲜活的案例吗？曾经风光无限的巨人大厦成了烂尾楼，公司破产清算，多少债主追着他要钱。然而史玉柱没有倒下，凭借着脑白金这款保健品的成功营销，史玉柱又站了起来，不仅还了曾经的欠款，还涉足IT行业，进军游戏产业，成就了一段商业神话。

有备无患，让我们都给自己留一个或多个备胎吧！一个备胎一条路，也许一个备胎，就能让我们在失意时扭转乾坤，重新走向成功的彼岸。

给别人留条路

但丁曾说过:“走自己的路，让别人去说吧！”这句话掷地有声，不知鼓舞了多少有志青年。可是近年来恶搞风泛滥，有人把这句话改成了:“走自己的路，让别人无路可走！”数字之差，意思大相径庭，勾勒出一批人得意忘形的嘴脸。如果我们照此执行，必定会给自己和别人带来伤害。

在人生的漫长道路上，我们在学习、生活和工作中，会遇到不少竞争对手，这本来无可厚非。但是如果我们为了在竞争中胜出，不择手段打压对手，从而让别人无路可走，这就不妥了。竞争之中，各方斗智斗勇，全力拼杀，但彼此之间应保留着一份起码的相互尊重。竞争者都想打败自己的对手，取得胜利，但是应该避免剥夺对手存在的基本权利。如果将竞争对手逼得太狠，那么被逼急的兔子也会咬人。所谓得饶人处且饶人，如果竞争之中，给别人留条出路，那么也就等于给自己留了条后路。

明朝时，芜湖城内有两大粮商汪真润与曹伯才，每年的秋收季节，芜湖地区的粮食收购几乎被这两家粮店垄断。两人一得江南，一得江北，倒也相安无事。可是汪真润为收购到更多的粮食，也为了挤垮对手，将收购的价格上扬了许多，以致江北的一些农民都跑到了江南来卖粮。无奈，曹伯才只得将粮价上涨，可他只涨到与汪真润给出的粮价持平，也就是向汪暗示他无意竞争，但汪却再次提高粮价。忍无可忍之下，曹伯才开始反击，抬高粮价并派人在江南拉拢顾客。就这样，一来二去，双方的损失都很惨重，只能导致两败俱伤。这是汪真润逼人太甚的结果，也是他不懂得对人宽容就是对己宽容的结果。

商场如战场，但是商战也需要一个自由而有序的竞争机制，就是要遵守一定的游戏规则。竞争是为了获利，但如果竞争者为了满足本人无休止的利益欲望，占尽了他人的利益，不让其他人获利，那么这样的竞争者只能获利一时，不可能得利一世。

北京的同仁堂药店是数百年的老字号。能够生存数百年而成为不倒翁，同仁堂肯定有自己独特的经营之道。晚清时期，时局混乱，生病需要抓药的人特别多。同仁堂的名气吸引了大量的客源，因此一直门庭若市，生意兴隆。但同仁堂并没有乘机大肆涨价，反而对于有些实在无力承担药费的百姓免费诊治抓药。有时，在自己药店某项药物紧缺时，同仁堂还会将顾客介绍到其他药店去。这样，同仁堂不仅继续保持了大量的客源，而且在同行中也获得了相当的美誉度，成了行业领袖。

道理看起来简单，如果其他人一点利益也没有，还会有谁去与你打交道呢？世界看似纷繁复杂，其实说穿了就是利益的纠结。小到人与人之间，大到国家之间的交往，如果我们都能做到学会让别人分享利益，给别人时时留条后路，那么你会发现，你的朋友越来越多，办事也会越来越顺利，你的人生会越来越精彩。

第四辑

努力做好自己，
你终将成功

人生苦短，所有的名利都是虚无的东西。

疲累都是自找的，烦恼都是自找的，压力都是自找的。

化解压力最好的办法，就是找出压力的根源，根源就在于我们的内心。

是金子总会发光，只有相信自己，将自己分内的每件事情做到最好，

将才能显现出来，你终究会获得成功。

困境时别轻言放弃

每个人都希望幸福，都在追求幸福，都渴望得到幸福女神的垂青。走在大街上，在熙熙攘攘的芸芸众生中，随便找一个人来问一下："你幸福吗？"我估计说不的人肯定占九成以上。那么你再问："你觉得幸福是什么？"我想一些人肯定会支支吾吾地说不清楚，而一些人就会把成功人士作为参照物，来判断自己的幸福感。

其实幸福感是有层次的，是随着个人的境遇而不断变化的。既然幸福标准在不断地变化，那么我们就得不断地追求幸福，生命不息，奋斗不止。这样一来，对幸福的追求就成了推动社会前进的动力。有些人终其一生，也不能打开幸福的门扉；而一些人，由于自己的坚持、坚韧和坚强，幸福就会主动来敲门。

当幸福主动来敲门，当我们伸出双手拥抱幸福的时候，我想绝大多数人都会喜极而泣。在幸福垂青的背后，我们得付出多少艰辛的努力啊！如果你稍有懈怠，幸福就会与你擦肩而过。

有一个美国黑人克里斯，从海军退役后做了医疗器械推销员，妻子琳达在一家工厂打工，五岁的儿子克里斯托弗正在上幼儿园。克里斯一家生活得异常艰难，经常拖欠房东的房租，属于标准的社会底层，就差领救济金度日了。克里斯上门推销医疗器械，往往遭到别人的拒绝，而卖不出产品直接影响他家的日常生活，导致夫妻俩摩擦和争吵不断。克里斯想到了改变，他觉得自己可以去做股票经纪人，这种高薪职业是通向成功的天梯。可是克里斯仅仅高中毕业，挣扎在温饱线上的他对证券业是一窍不通，琳达觉得丈夫是不务正业，夫妻俩的分歧越来越大。

琳达对于这样的贫困日子没法忍受，离家出走，留下克里斯与儿子相依为命。克里斯想方设法当上了一家证券公司的实习股票经纪人。大家都不看好他，因为竞争太激烈了，二十多个实习生只能有一个被公司正式聘用。在实习期间，克里斯没有任何经济来源，被房东赶出门，两父子流落街头，落魄至极。因为业务的原因，克里斯坐出租车连车费也拿不出来，被车主撵得满街跑；为了十四美元，克里斯不惜和朋友翻脸；他们曾经栖身在火车站的卫生间内过夜，克里斯安慰儿子这是在体验山顶洞人的生活……

尽管现实如此残酷，似乎把克里斯逼上了绝路，可是克里斯毫不气馁，一边努力钻研理论，弥补知识的欠缺，一边利用各种机会，锻炼自己的实践能力，在实习期间就为公司带回了三十多个客户，受到了老板的表扬，并且最终成为一名正式的股票经纪人。后来，克里斯还开创了以自己名字命名的证券公司，迈入了百万富翁的行列。

克里斯成功了，破茧成蝶，幸福为他敞开了门扉。他是男人的榜样，父亲的模范。**人人都在追求幸福，这是我们的梦想，也是我们的权利。可是你要记住，成功属于有准备的人，而坚持、坚韧和坚强是开启幸福之门的钥匙，不抛弃、不放弃是叩开幸福的敲门砖。**

做好自己的工作

约翰是美国一家商务咨询公司的总裁、芝加哥博物馆的董事会成员。在博物馆的一次筹款会议上，南茜·里根被列为主讲人。约翰打算与其他董事会成员一起欢迎这位第一夫人。在办公室度过了繁忙的一天后，约翰到达了四季酒店，然而他发现进入宴会大厅的人们都穿着正式的服装。几周来他都没有检查邀请函，约翰忘记了这是一个正式的场合，需要穿正装。

那时候，约翰已经没有时间回家换衣服了，正当他待在大厅一筹莫展的时候，酒店的门房看到了他脸上的惊慌，走向约翰问道："先生，我能帮你什么忙吗？"约翰解释了他的困境之后，门房主动说道："其中一个服务生今天休息，如果您穿他的礼服，他是不会介意的。"

当他们到达更衣室时，他们发现了一件干净的衬衫，但礼服已经被拿到了洗衣工那里。约翰感谢门房帮他解决困难，但门房并没有放弃。"您可以穿我的礼服！"他主动提出，并开始脱衣服。可是，门房的衣服比约翰的尺码还大两个号，门房试图订起衣服的袖子和腿，使它们看起来像样一些。当发现该方法不能奏效时，门房立刻叫来了酒店的裁缝当场为约翰量身定制礼服。

约翰最终出现在了迎宾队伍中，之前发生的事情没有人知道。料理完整件事情，当约翰回来时，他发现西装已经被熨好并整齐地挂在衣架上。约翰希望表达自己的感激之情，他将口袋里所有的现金以及支票簿拿出来。但门房拒绝接受任何款项，坚持说他的工作就是为客人提供服务，并解决他们的问题。

“但我甚至都不是一位客人，”约翰说，“我只是从街上走进来。”门房回答：“说不定哪天你会成为这里的客人。”约翰对四季酒店很感兴趣，他决定事后的第一顿晚餐嘉宾就请门房。约翰送给门房黄铜时钟作为礼物，门房欣然接受，同时重申：“我只是在做我的工作！”

“我只是在做我的工作！”这是多么朴实的话语，由此可以看出，作为一个全球知名的连锁奢侈品牌，四季酒店在服务顾客方面做得非常到位。每一个顾客的身后，至少有着潜在的 250 个客源。我们可以相信，在约翰的心中，四季酒店将成为他的不二选择，从长远来说，门房为酒店带来了源源不断的客户。

我觉得，四季酒店是每家企业学习的榜样。**服务无小事，细节显高低。**门房的工作看似低微，实际上在顾客眼中，他也代表着酒店的形象。这就是四季酒店的企业文化，每个员工都应尽量使每位顾客留下积极和值得纪念的回忆。“我们必须为解决顾客的问题而努力，这就意味着无论顾客的要求是什么我们都要坚持做到，除非要求是非法的或者是不道德的，执行力非常关键。”四季酒店的员工手册中如此写道。

我们经常看见诸如“厂兴我荣，厂衰我耻”这样的标语，或者强调员工要有主人翁精神。有些人说这就是他们的企业文化。可是如果这样的理念只是贴在墙上或宣传栏上，而没有内化为每个员工的自觉行动，那么这样的理念是苍白的，也是无效的。对于青少年来说，我们也可从这个案例中获益不少，那个员工清楚地知道自己需要做什么，而我们是否知道自己该做些什么呢？

君子慎独

东汉年间，有个士人叫杨震。他饱读诗书，德行高尚，被誉为“关西夫子”。那时，政治腐败，贪官污吏屡见不鲜，而杨震却能做到“出淤泥而不染”。他家布衣粗食，连肉也很少吃。有人劝官位越来越高的杨震“有权不用过期作废”，起码应该为子孙后代留下点产业。他一笑置之，说：“我的家人能让后世称作清官的子孙，这种美誉是花钱也买不到的。”

杨震任荆州刺史时，发现一个叫王密的人才华出众，便向朝廷举荐。朝廷委任王密为昌邑县令，王密对杨震十分感激。

几年后，杨震调任山东东莱太守，上任途中，路过昌邑。王密一直记着杨震的举荐之恩，非常热情地招待了他。晚上，王密独自到杨震下榻的馆驿拜访。寒暄一阵后，王密关上门，从怀中掏出一个布包，对杨震说：“学生能有今天，全靠恩师栽培。这十两黄金，不成敬意，还望笑纳。”

杨震很是惊讶，他严肃地说：“当初我推荐你，是因为看你很有才学，也认为你很懂礼。但今天看来，你并不了解我，赶紧收起来吧！”王密以为杨震不收，是怕坏了名声。于是凑近杨震低声说道:“天黑了，没有谁会知道，您就放心的收下吧！”

一听这话，杨震脸色陡变，他斥责道:“你送黄金给我，自有天知地知你知我知，怎么能说没有谁知道呢？**自古以来，君子慎独，意思就是说即使独自一人的时候，仍然不做问心有愧的事。**我们哪能因为没人知道，就做出违背道德的事情呢？我希望你不要让我后悔我的推荐！”

王密羞愧难当，急忙起身谢罪，收起金子走了。据说经过这次教训，王密后来也成为一个十分廉洁的官员。因为自有天知地知你知我知，杨震就把自己的书房题名为“四知堂”，他本人被誉为“四知先生”。

君子爱财取之以道。杨震拒贿，表现出了良好的道德操守。这些年来，国学在国内炒得沸沸扬扬，很多人都主张让小孩从小接受一些《弟子规》《千字文》等蒙学教育。这本身是件好事，可是钱文忠先生就明确地指出:“如果一个孩子完全按《弟子规》的教导来作为人生准则，那么他们进入社会后必将四处碰壁。”是《弟子规》出问题了吗？我看不是，这样的蒙学书籍在中国盛行几百年，自然有其存在的价值。我看出问题的是我们的社会，在一个潜规则横行的时代，要想再找到“杨震拒贿”这样的典型，这不是在出难题吗？

一位哲人说:“即使你独自一人时，也不要做坏事，而要学得比在别人面前更知耻。”宋朝陆九渊也说:“慎独即不自欺。”意思是慎独就是不自欺欺人。古圣先贤之所以倡导慎独这种道德修养方法，是因为里边的确包含着合理的东西，它是一种自我立法，是一种自我珍惜，是一种自我保护，是一种自我负责。

君子慎独，这需要培养和强化人的自重、自爱和自律意识。在一个单位、一个团体乃至一个国家中，人群中自律意识的弱化，便会正气难扬、歪风见长。这一点，值得我们高度警惕。古人尚知慎独自律之重要，现代文明人更应好自为之。

炫耀是做人的最大障碍

春秋时期，郑庄公准备伐许。战前他先在国都组织比赛，挑选先锋官。众将一听立功的机会来了，都准备一显身手。众将首先进行击剑格斗，经过轮番比试，选出六个人来，参加下一轮射箭比赛。在射箭项目上，取胜的六位将领各射三箭，射中靶心者为胜。前四位箭术平平，都未能全中靶心。第五位上来射箭的是公孙子都，他武艺高强，年轻气盛，向来不把别人放在眼里。只见他弯弓搭箭，三箭连中靶心。他昂着头，瞟了那位射手一眼，退下去了。最后那位射手是个老人，胡子有点花白，他叫颍考叔，曾劝庄公与母亲和解，立有大功。颍考叔上前，三箭射出，连中靶心，与公孙子都打了个平手。

只剩下两个人了，庄公派人拉出一辆战车来，让他们两人站在百步开外，同时来抢这部战车。谁抢到手，谁就是先锋官。令旗一挥，公孙子都轻蔑地看了对手一眼就开跑，谁知跑了一半时他脚下一滑，跌了个大跟斗，把脚踝也扭伤了。公孙子都一瘸一拐地跑过去，颍考叔早已抢车在手。公孙子都不服气，提了长戟就来夺车。颍考叔见了，拉起车来飞步跑远，庄公叫人制止了公孙子都，同时宣布颍考叔为先锋官。

明朝解缙，聪慧过人，自小就有“神童”之称。科举应试后，投身仕途，一身经历明太祖、建文帝和明成祖三朝。朱元璋曾经亲口对解缙说：“朕与你义如君臣，恩犹父子，你对我有什么谏言应当言无不尽才是啊！”建文帝在位仅有四年，对于政敌朱棣过于仁义，因此江山易主也在常理之中。

朱棣登基后，为了摆脱谋朝篡逆的骂名，实行铁腕统治，杀了方孝孺等不肯归降的士人，对于解缙、夏元吉等人则是大加重用，称赞他们都是自己的股肱之臣，要求他们务必知无不言言无不尽。对于解缙来说，能得到皇帝的重用那是求之不得，“学得文武艺，货与帝王家”，要想在朱棣的“永乐新政”里立功，那就得谏言啦。因此在朝堂之上，当朱棣说出众卿还有什么看法时，往往是解缙第一个站出来：“陛下，臣有本奏，臣以为……”

解缙的想法往往比别的大臣高明些，可是却与朱棣的想法不合拍。比如朱棣的永乐新政，首推郑和下西洋，耗资巨大，除了“炫耀国威，怀柔远人”外，几乎看不到任何实质的意义。更重要的是，郑和下西洋跟朱元璋制定的“片板不得下海”的政策相违背。无论大臣们怎么反对，朱棣就是一意孤行，坚决下西洋。其实这种不计成本的朝贡贸易真是祸国殃民，但是君无戏言，朱棣一旦决定的事情怎么会轻易改变，结果解缙没有看到这一点，屡次上奏搬出

“太祖家训”与朱棣辩论，让皇帝下不了台。朱棣一气之下，让他在国子监种菜反省。木秀于林，风必摧之。虽然解缙主持撰修《永乐大典》名留千古，但最终还是被朱棣以“无人臣礼”罪下狱五年，后被锦衣卫活埋雪中而死，年仅四十七岁。

做人切记锋芒太露，公孙子都就输在了这一点上，自己打败了自己。解缙何尝不是如此，如果他**懂得知进退，隐藏自己的锋芒**，也不至于落得个惨死的下场。

端好人生的杯子

有几个人觉得生活压力太大，工作太辛苦，每天过得很不开心，就相约去寺庙出家。几个人来到寺庙，见到了住持禅师，纷纷诉说自己的遭遇：家庭烦恼多，生活压力大，工作没前途，做生意失败，官场不顺……

禅师始终微笑着聆听，听完之后他说："天气炎热，难得大家上山来礼佛。大家上山很辛苦，又一口气讲了这么久，一定都口渴了，我去给大家倒些水来。"

过了一会儿，禅师端着一个大摆盘回来，摆盘上摆着各种各样的杯子，有玻璃杯，塑料杯，搪瓷杯，陶瓷杯；有漂亮的杯子，有丑陋的杯子；有高档的杯子，也有便宜的杯子。

大家觉得很是意外，偌大一座寺庙，连十个茶杯也没有，这也太寒酸了吧。

禅师看出了大家的不快，解释道："各位施主，我这里庙小，连我在内也不到十个和尚。一下子来这么多客人，杯子实在不够，只能东拼西凑。你们将就着自己拿着杯子喝水吧，我就不一一呈给大家了。"

这些人看着眼前的杯子，都挑选比较好看的杯子喝水。这时禅师问道："你们为什么都挑选好看的杯子喝水，而不选那些看起来很普通的杯子呢？"

一个生意人说道："谁不愿意拿好看的杯子喝水呢？除非他是傻子，爱美之心人皆有之嘛！"大家随声附和，表示赞成。

禅师正色道："这就是你们压力的源头。你们只顾挑选好看的杯子，却从没有想过，喝水的目的是为了解渴，而不是杯子是否好看。其实杯子的好坏，并不影响水。你们只注意了杯子的好坏，却忘记了品尝水的甘甜。说到底，你们一开始就把目标选错了，尘世生活也是这样。可见烦恼都是你们自己制造的，你们还愿意出家吗？"

这些人摇摇头，算是明白了禅师的忠告，纷纷如释重负地下山去了。

其实禅师并不是找不够十个漂亮的茶杯，而是故意用这些参差不齐的茶杯来点化他们的。工作也好，生活也罢，不过是我们人生的杯子而已，好看与否、华丽与否都不是人生的本身，而只是人生的装饰。这道理其实跟买椟还珠类似，我们拿走了包装，却遗漏了包装内的珍珠，而那颗珍珠才是我们自己真实的人生。

人生苦短，所有的名利都是虚无的东西。今日你可能还是众生仰慕的权贵，明日你就可能身陷囹圄。疲累都是自找的，烦恼都是自找的，压力都是自找的。化解压力最好的办法，就是找出压力

的根源，根源就在于我们的内心。凡事知足就好，凡事妥协一点就好。不要互相攀比，因为五根指头伸出来始终有长短。

我们能做的，就是端好我们的杯子，过好我们的每一天！每一天都开开心心的，每一天都精神抖擞的，每一天都信心百倍的，我们的生活就注定是幸福快乐的。

淡然是处世的一种最高境界

在我的书房里，挂着一张条幅，上面用苍劲的魏碑体写着："饥来吃饭倦来眠。"左下角的落款是：忠富弟惠存，朴拙公书。这朴拙公就是我读师范时教古代文选的季老师。他写得一手好字，也常有文章见诸报端，是学校公认的才子。

季老师古文功底好，许多唐诗宋词能够流畅地背诵下来，而且往往一字不差。他上课时妙语频出，兴之所至，就给我们朗诵一段《诗经》或者《楚辞》里的片段。他的朗诵绝对是声情并茂，虽然普通话不太标准，带点椒盐川味，但是瑕不掩瑜，实在是让人叹为观止。在他朗诵的间隙，有好事者就会痴痴地笑着说，季老师八成上辈子就是屈原或者苏东坡。你们瞧他那如痴如狂的样子，简直比屈原还要屈原呢！

有一次季老师听见了他们的议论，他毫不生气，竟然拱拱手说："多谢诸位抬举，其实你们看走眼了。我上辈子要是屈原的话，简直幸福死了！"说完季老师又满脸堆笑地深鞠一躬，继续讲课。那几个好事者听了，反而脸色有些挂不住，从此只敢在背后评点季老师了。

因为季老师的缘故，我喜欢上了那些拗口的古文，一头扎进图书馆里，借了一些《古文观止》之类的书籍，成天摇头晃脑地满嘴之乎者也，沉溺其中而又其乐融融。我希望借着这些敲门砖充实自己，能够和季老师亲近，最好是成为他那样的具有学者气质的教师或者作家。

很快地，我就在古文课堂上脱颖而出了，并且成了古文选课的课代表，从而有了更多与季老师接触的机会。对浩如烟海般古文的阅读，对于我们这些没有家学渊源的学子来说，是一件痛苦的事情。那么多的古文，哪些该读哪些不该读，这都是有讲究的。季老师见我痴迷古文，就给我罗列了一张书单，让我到图书馆去借，遇到疑惑随时可以向他请教。

应该说，那些大部头的古文，占用了我读师范时的很多业余时间，以至于我连陪女朋友玩的时间也所剩不多。从囫囵吞枣到其义自见，我觉得虽然牺牲了不少时间，但是的确学到了不少东西，那些深奥的古代典籍，成了我现在得以把写作持续下去的源头活水。

季老师见我如此用功也深感欣慰，他说我是块搞学问的材料，就是性情有些浮躁，将来走上社会还得好好地磨炼一番。临毕业时，季老师送我一幅字，既不是现成的唐诗宋词，也不是名言警句，而是一句朴实的话语：“饥来吃饭倦来眠。”季老师说这就是他这辈子的人生哲学。

我当时是颇为诧异的，这么普通的一句话也叫做人生哲学，吃饭睡觉那是人的本能，还需要别人来提醒吗？与其写这句话，还不如写上："勤能补拙"或者"天行健，君子以自强不息"这些警句呢！谁知季老师笑而不答，说我慢慢就会理解其中的深意。

这些年来，在名利二字之间苦苦挣扎，饱尝人情世故，我的两鬓也渐渐染上了白霜。我终于明白，季老师是叫我要淡泊名利，知足常乐。**"饥来吃饭倦来眠"，一切顺其自然，这是一种超凡的人生境界。这个境界看似很低，其实很高；看似容易，其实艰难。如果我们能做到，那么我们就能收获一个多姿多彩的人生。**

管事先管人，管人要管心

梁武帝萧衍对皇亲国戚非常重用，兄弟子侄都被派往各重要地区去镇守，让他们掌握实际权力，守卫皇家。南朝宋、齐两代，宗室王侯出去做地方官，都要受到被皇帝派去的典签的监视（典签本来是管理文书的小官，宋朝后期，成为实际掌握地方权力的皇帝耳目），这也是皇帝驾驭宗室王侯的需要。

但是梁武帝废除了这个办法，给了宗室王侯以实权，结果事与愿违，这些兄弟子侄在地方上横征暴敛，搜刮民脂民膏，成为动摇梁武帝统治基础的祸害。梁武帝兄弟临川王萧宏，拥有近一百间仓库，三十多间藏钱，一间一千万，共三亿以上。其余的仓库，装满了布、绢、丝、漆、蜡等杂货。他的儿子萧纪在益州做刺史，有一万枚黄金做成的金饼，五万枚白银做成的银饼，每饼各重一斤。

公元506年，梁朝北伐，萧宏做统帅。大军到达洛口，武器精良，军容之盛，前所未有。但萧宏这个人，胆小如鼠。一天夜里，洛口下暴雨，吓得他逃回建康，武器全部丢失，军队损失了近五万人。但萧宏并没有因此受到处分，过了几十天，还升官晋级。由此可见，梁武帝在用人上是毫无章法的，只要是皇亲国戚，管你有才无才，通通重用，结果弄得国家民不聊生，乌烟瘴气，也给自己落下任人唯亲的骂名。

同样是皇帝，唐太宗李世民就心里好似明镜，绝不只因为你是皇亲国戚就会重用。如果没有军功，没有过人的贡献，那么对不起，请你靠边站。

有一次唐太宗论功封赏。淮安王李神通自以为功劳最大，又是皇上堂叔，对其封赏很不满意，于是大声禀告："关西起兵，倾覆隋朝，臣首先举兵响应。多年来臣随陛下出生入死，戎马倥偬，荡平天下，功劳如何？可是定勋封爵，却把只会舞文弄墨的房玄龄、杜如晦置我之上，臣实不解其故。"唐太宗听后，毫不客气地说："反隋义旗初举，叔父你首先起兵响应。但是在山东与窦建德交战时，你却望风而逃，连连败北，几乎全军覆没。房玄龄佐助朕运筹帷幄，提出平定天下之大计，非匹夫可比。今日社稷安定，论功行赏，他们当然要居叔父之先。叔父身为皇亲国戚，怎么能功微而居高位？朕怎敢以私情而滥赏？"百官听后，心悦诚服。

唐太宗对功臣封赏之后，回到后殿，有几个近臣，未得官职，跪倒在地，泪水涔涔，凄楚相告："当年陛下为秦王，我等精心侍奉，今日天下已定，陛下却将我等忘在脑后，陛下三思！"唐太宗仰天长叹道："你等待我多年，几经生死，朕当不忘。但人君办事，应当公道。但朕封官爵，皆量官而授。如果你等凭秦府旧属，长期奉我而索取官爵，实不体面！朕也不敢以远近亲疏、个人恩怨，将官爵私自馈赠，请诸位体谅！”这几个人听了，自惭形秽，索然而退。

以史为鉴，可以知得失。现在许多人都在创业，但是创业就需要与各种人才打交道，管人用人是门大学问。是像梁武帝那样任人唯亲，还是像唐太宗这样唯才是举，相信答案不言自明。

细节不容忽视

作为一名战士，鲍威尔曾经被训练成为一名探路者，这是一种精英伞兵。每次空袭之前，部队都会派出这种士兵前往空袭地点探路，标记轰炸地点和投弹区域。鲍威尔是小分队里的高级士官，每次跳伞前，他都会用一种类似于咆哮的声音督促所有人最后再检查一遍降落伞的固定拉绳，这种跳绳应该挂在地缆上，能够让降落伞自动弹开，是跳伞的关键细节。

在某次部队开展集训的最后一天，士兵们在完成整天的急行军之后，将会从直升机跳下，开展夜间跳伞训练。跳伞前，鲍威尔再次提醒队员检查拉绳，他的声音甚至盖过了震耳欲聋的飞机马达声。队员们戏称他是一个大惊小怪且神经质的老太太。就在鲍威尔亲自逐个检查队员的拉绳时，问题来了，一名军士的拉绳固定得不牢，之前检查的三个人，伞兵自己、他的同伴以及跳伞长都没能发现他的这一疏忽。鲍威尔脸色铁青，狠狠地将三人训斥了一番。他以此为例，再次提醒大家一定要注意细节。这可不是开玩笑，因为这个疏忽，军士可能在跳出飞机的一刹那就扑向死亡。想想吧，伞兵降落伞打不开，那不就等于高空自杀吗？

一天早晨，印刷厂送来了当期杂志的成品。杂志是市文联主办的，每年四期，算是给本地的文艺爱好者提供一个展示自己才华的平台。虽然我们这里是西部城市，但文艺人才仍然不少，只要杂志稍有疏忽，他们就会打电话过来质询。因此我这个编辑兼校对，每次都战战兢兢的，生怕弄出什么差错。

主编看了看码放在地上的杂志，没有开包检查，就准备签字验收了。我赶紧说道："慢，我先看看再说。"

主编说："有啥看的，难道印刷厂还会出错？"

我说："这可不敢保证，要是出错了，我们都得挨批评。"

主编说："好吧，那你快些，印刷厂的美女还等着我签字呢！"

我一边答应一边解开包装，随机选取了五六本杂志检查。没想到，果然有错，凡是文章中的生僻字，杂志上全部都用空白方框代替了，整本杂志至少有五六十个方框。这怎么得了？要是杂志发到读者手中，那我们办公室的电话就会成热线了。

我赶紧找出杂志最后的校对清样给主编看，上面没有一处方框，错别字我全部改过的，看来责任就在印刷厂。主编听了我的汇报，气呼呼地给印刷厂康总打电话："这些杂志怎么拉来的，怎么拉回去！我们是老客户了，这次怎么会出这么大的纰漏，生僻字全部用方框代替，你叫我怎么给读者交代呀！这些杂志如果全部销毁只能卖废品，这损失可与我们无关。"

康总答应马上去查，结果一查就查出问题来了，原来印刷厂设计室不能出片子，都是利用互联网传输给省城的印刷公司做。最近省城那家公司软件升级了，两边软件不能兼容，就自动生成了这些方框。看来印刷厂也不是有意出错，经过一番交涉，为了减轻印刷厂的损失，就只有贴小纸片来代替那些方框了。好在我们杂志印量少，只有一千册，要是遇上《读者》那样的发行大户，印刷厂这次就亏惨了。

兴奋、紧张、疲惫和困惑的时候，往往是错误发生的时候。千万不要忽视细节，因为它不仅决定成败，还可能夺取一个人的生命。

将合适的人放在合适的位置

范蠡被奉为中国商人的始祖，被后人尊为陶朱公，曾作为幕僚辅佐越王勾践击败吴王夫差。他功成身退后，移居齐地经商，很快置产百万成为富甲一方的大富翁。他的次子因杀人被囚禁在楚国，陶朱公计划用金钱保全儿子的性命，就打算让小儿子去楚国办这件事。长子听说后，坚决要求父亲让他去楚国解救二弟，还说自己一定能办好这件小事。

陶朱公长叹一口气，拗不过长子的苦苦请求，只得派他去办这件事。为了万无一失，陶朱公写了一封信让长子带给以前的好友庄生，交代说："你一到楚国，就把钱给庄生，一切听从他的安排，不要管他如何处理这件事。"长子抵楚，不知其中蹊跷，反以为庄生无足轻重，帮不上什么忙。

庄生见楚王进谏到："听说近来某星宿相犯，对楚国不利，只有广施恩德才能消灾弭祸。"楚王听了庄生的建议，实行大赦。陶朱公的长子听说马上要实行大赦，弟弟一定会出狱，那给庄生的钱不就白费了吗？于是又去见庄生，要回了钱财，并甚为得意。庄生勃然大怒，碍于老友面子又不好发作，但是他觉得自己被一个小子欺骗，心中实在愤懑不已。于是他又去见楚王，说道："我以前说过星宿相犯之事，大王准备修德回报。现在我听说富商陶朱公的儿子在楚杀人被囚。他家里人拿了很多钱财贿赂大王左右的人，所以外人会揣测大王并不是为体恤社稷而大赦，而是由于陶朱公的缘故才大赦啊。"不温不火的几句话，让楚王立马改变了主意，当即下令杀掉陶朱公的儿子，然后才实行大赦。结果，长子只好取了弟弟的尸骨回家。

长子回家后，陶朱公悲极而笑曰："我早就知道他一定会杀死他弟弟的！他并非不爱弟弟，只是因为年少时就与我一起谋生，所以知道钱财来之不易，因此十分吝惜钱财。而小儿子一出生就生长在富贵之家，所以挥金如土，以前我要派小儿子去办事，就是因为他舍得花钱。"

作为一个父亲，陶朱公是舍不得让次子送死的。可是他明白长子的个性，却碍于长子面子让他去办这件事，这就是范蠡用人有问题了。世界上从来不缺少人才，有全才，有专才，有偏才，我们能做的，就是根据不同人才的个性和才能，将他们安置在合适的位置上。人尽其用，这样就能最大限度地发挥每个人才的作用，从而增强整个团队的力量。

中国古代就十分重视用人以专的道理，什么样的人才适合干什么样的工作，这都是有讲究的。传说舜管理天下时，让禹做管理工作的司空，让契做管理官员和民政的司徒，让皋陶做管理刑狱的司理，让稷做管理生产的司田。这四个人，是天下公认之贤人，他们每个人尚且只精通一个行业的管理工作，就更不用说其他的俗人了。

在当今社会，很多人都选择了创业，中小企业层出不穷，要办企业开公司就要涉及与各种人才打交道。我们必须知道，**人不可能样样都会做，用人最好使其尽力而为，不埋没才能。每个人的才能是不一样的，应根据他们不同的特长，让其负责某项工作，而不能求全责备。**如果我们在了解人才的基础上，做到以上这些，那么就能避免犯陶朱公那样的错误，从而让自己的事业实现跨越式发展。

诚信是立人之本

冯梦龙先生著的《喻世明言》中有一篇《范巨卿鸡黍死生交》，叙述的是一个有关信义的故事。东汉明帝时，山阳范巨卿与汝南张元伯结义，约定了来年重阳到张元伯家相聚，张元伯以鸡黍相待的约期。范巨卿因为生意繁忙，直到重阳这日才记起约会之事。山阳距汝南千里之遥，步行、骑马均无法在一天内赶到，唯有人的魂魄能日行千里。为了按期赴约，不失信于张元伯，范巨卿即自刎于家中，魂魄终于在半夜三更赶到张元伯家与其相会。鬼魂告诉张元伯，自己临死前告诉妻儿，必须要等到张元伯亲自见到他的遗容后才能下葬。

于是张元伯将老母托付于弟弟照料，只身前往山阳。在见到范巨卿的仪容后，毅然自刎于下葬仪式上。临死前，张元伯嘱咐范巨卿的家人，要与结义兄弟葬在一起。众人为二人的信义所折服，上奏朝廷，朝廷嘉奖了二人义举，二人的信义为后世之人所敬仰。

一顿肥鸡肉和黄米饭的重阳家常饭，其价值是微不足道的。山阳与汝南，相隔千山万水，没能及时赴约，距离应该是个不错的借口。何况范张二人萍水相逢，相遇本来就是偶然，彼此说些惺惺相惜的客套话也在情理之中，又何必当真呢？然而在汉代，董仲舒“独尊儒术，罢黜百家”之后，儒家的价值观已经深入人心。“仁义礼智信”称为五常，是做人的起码道德准则，而信义更是其中的重要内涵。不遵守五常，就相当于给自己的档案留下了永恒的污渍，将为世人所不耻。为了信义二字，范张二人宁愿舍弃自己的生命，从而给后人树立了道德标杆。鸡黍之约的故事，可谓惊天地泣鬼神，反映出国人对信义这种传统道德的坚守。

“信义”指的是信用和道义。关于信用，古人的论述可谓汗牛充栋。“君子一言，驷马难追”，“言必行，行必果”等俗语，都是对信用的精彩阐述。《三国志·蜀志·诸葛亮传》中的《隆中对》一篇中讲道：“将军既帝室之胄，信义著于四海，总揽英雄，思贤如渴。”“将军”指的是刘备，刘备、关羽、张飞桃园三结义，堪称国人义结金兰的佳话。自从结义之后，刘关张兄弟一同打拼天下，最终建立了蜀汉王朝，青史留名。然而关羽大意失荆州后，亡命于东吴之手，继而张飞暴死。二人的离去，让刘备失去了左膀右臂，他不惜抛弃了“联吴抗魏，鼎足天下”的国家战略，愤然出兵伐吴，结果被东吴火烧连营，只落得白帝托孤的凄惨下场。为义来，为义去，刘关张对于信义的诠释，比范巨卿和张元伯更加惨烈，因为他们不仅赔上了性命，还捎带把国家带入了败亡的边缘。

人生在世，信义二字。说话算话，遵守道义仍然适用于现代社

会，这一点对于公众人物尤为重要。比如余秋雨、章子怡对汶川地震灾区的诈捐事件，就让人质疑他们的动机，是否为了增加在媒体上的曝光率，这直接影响了他们在社会上的美誉度。

“生命诚可贵，爱情价更高。若为信义顾，二者皆可抛。”虽然现在看来鸡黍之约的两位主角有些迂腐，因为他们不珍惜自己的生命，甚至舍弃了对家人应尽的责任，但是他们守信重义永远是值得称道的，是值得我们学习的。

勇于追求真理

伏尔泰是十八世纪法国资产阶级启蒙思想家、文学家、哲学家、史学家，被誉为“法兰西思想之王”，其主要著作有《哲学通信》、《形而上学论》等。伏尔泰反对君主制度，提倡自然神论，批判天主教会，主张言论自由。由于拒绝跟法国封建体制和教会合作，伏尔泰先是被关押在巴士底狱，后来更是长期流亡国外。但伏尔泰并没有改变初衷，仍然拒绝跟政府特别是教会合作。他单枪匹马面对法国社会一切丑恶力量的大联合，用如椽巨笔对这个茫茫的恐怖世界宣战，迸发出愤怒的呐喊。

1778 年 2 月，84 岁高龄的伏尔泰回到阔别 28 年的巴黎，受到人民的热烈欢迎。彼时的伏尔泰，已经成为享誉世界的一代大师，被誉为“欧洲的良心”，其主张“天赋人权，法律面前人人平等”更是被底层人士广泛接受。一些只闻其名、未见其人的年轻人纷纷来到伏尔泰的下榻处，使寓所周围的街道挤得水泄不通。妇女们趁他经过时，偷偷地从他的皮衣上拔下一两根毛，当作圣物保存。

可惜由于年老体衰，加之流亡生活的折磨，伏尔泰的身体状况每况愈下，尿毒症折磨着这位老人，使他被迫卧病在床。但伏尔泰的创作还没有枯竭，他强撑病体坚持口述，完成了最后一部五幕诗体悲剧《伊雷娜》。剧本虽然写得比较平，但是公演时仍然反响强烈，连王后也出席了演出，这算是伏尔泰迟来的荣誉和最后的幸福。那些教会人士心存幻想，想利用病重的伏尔泰来抬高教会身价。一个神父鬼鬼祟祟地潜入伏尔泰的病房，要求病入膏肓的伏尔泰做最后的忏悔。伏尔泰知道他的来意，毫不客气地予以拒绝。没过几天，又有一位修道院长来见伏尔泰。伏尔泰问道："神父，您从何处来？"

"啊，先生，我从上帝那儿来！"

"真的？您能给我出示上帝的诏书吗？"

修道院长听得瞠目结舌，他哪里有什么上帝的诏书，只得灰溜溜地走了。伏尔泰虽然重病在身，仍然保持着清醒的头脑，以他惯有的幽默与讽刺来对付这些教士，从而打消了他们利用自己做文章的念头。

1778 年 5 月 30 日晚上 11 时，伏尔泰与世长辞。教会对伏尔泰这位宿敌恨之入骨，下令连夜将他的尸体运出巴黎，弃之乱坟岗。1791 年，法国大革命爆发，国王路易十六被推上了断头台，法国实行了一千多年的封建专制制度土崩瓦解了，教会势力也受到极大打击。伏尔泰的遗体被迁葬在巴黎先贤祠，并补行国葬。墓在卢梭墓的旁边，他的心脏被装进一只盒子里，存放在巴黎国家图书馆，盒子上刻着伏尔泰生前一句名言：“这是我的心脏，但处处是我的精神。”

伏尔泰是启蒙的斗士，一生为思想和言论自由而战。维克多·雨果曾站在纪念伏尔泰百年冥诞的讲坛上这样说道：“伏尔泰不仅是一个人，他是一个世纪。他行使过一个职能，他完成过一个使命。他承受了一切威胁、一切侮辱、一切迫害、污蔑、流亡。他不屈不挠，坚定不移。**他以微笑战胜暴力，以嘲笑战胜专制，以讥讽战胜宗教的自以为是，以坚毅战胜顽固，以真理战胜愚昧。他就是我们的骄傲！**”

黑夜中的一束星光

草根圣人武训，一生行乞，集资办学，为免费乡村教育鞠躬尽瘁。其死后送殡队伍蜿蜒十里地，沿途六十里各村民众自发设奠路祭，极尽哀荣。在西方瑞士，也有一个武训似的人物，叫菲斯泰洛奇，开创了初等教育的理论，并在实践中加以贯彻。菲斯泰洛奇的教育思想对于英法德美等国影响很大，对于民国时期的我国初等教育也有很深的影响。

菲斯泰洛奇 1746 年生于苏黎世，其父亲是医生，母亲和女仆把他抚养长大。那时的欧洲，贵族精英教育非常发达，但一般平民却无法享受，往往在一个村镇里找一个能读会写的人做村长都很不容易。经济政治上的悬殊，导致受教育的权利也极不平等。虽然菲斯泰洛奇的父亲很早就去世了，但他们仍然是贵族，他的外祖父拥有庄园。菲斯泰洛奇在跟社会接触的过程中，对于底层人士产生了深深的同情，充分认识到现存教育制度的不合理。他说："这种教学像一座大厦，大厦的上层宽敞明亮。中间居住的人很多，但没有登上顶层的合乎人道的阶梯。最后，大厦的底层居住着无数平民百姓，他们住在没有星光的小屋里，视线受阻，甚至不能仰望大厦的顶层。”

菲斯泰洛奇的描述，生动地反映了欧洲教育制度的现状。这种制度极不平等，中下层人士完全被剥夺了受教育的权利。接受高层次教育，是促进各阶层之间从下朝上流动的良策，也能在社会上形成一种积极向上的氛围。一旦阶层间自由流动的途径断绝，底层民众就会毫无希望，整个国家也将变得毫无生机。司汤达小说《红与黑》就反映了底层小子于连绞尽脑汁挤入上流社会，最终丧命的悲惨遭遇。菲斯泰洛奇深知其中厉害，于是开始在贫困的瑞士山区，一点点推行“平民教育”。菲斯泰洛奇一生都在教会孤儿院工作，他在自述中写道：“我一直充当一位受冷落的、意志薄弱的初级教师，推着一辆载着一些基本常识的书籍、空荡荡的独轮车，却意外地投身一项事业，包括创办一所孤儿院、一所教师学院和一所寄宿学校。做这些事情第一年就需要一大笔钱，可是即使是这笔钱的十分之一，我也难以弄到。”

菲斯泰洛奇在孤儿院收容了五十多个六至十八岁的贫苦儿童，亲自教他们读、写、算的初步知识，同时让几个工匠教他们纺纱织布，从而把识文断字和劳动技能结合起来，使这些孩子学有所长。这些被收养的孩子多为乞丐和流浪儿童，他们很多骨瘦如柴，形同枯槁，目光无力，甚至有的不知羞耻，惯于伪善和欺骗。他们对社会抱有敌意，普遍缺乏同情。菲斯泰洛奇对这些被社会抛弃，为常人所避而远之的孩子，给予了极大的怜悯和同情，他就是这些孩子的再造父母。因为菲斯泰洛奇在初等教育上的不懈努力，竟然使人口稀少、产业落后、政治黑暗的山区小国瑞士，一跃成为全欧洲享有盛誉的超级教育大国，引来各国教育专家和高层政要人士云集瑞士，观摩取经。

菲斯泰洛奇没有家庭，没有朋友，除了孩子们，什么也没有。他始终站在孩子们的中间，在黑暗的夜里，他就像一束星光，照亮了孩子们未来的人生道路，让大家对人生重新燃起希望。

良好的教育培育优秀的人

1895 年 7 月，胡适父亲胡铁花在厦门任上去世，消息传回安徽绩溪老家，胡宅立刻哭声一片。那时胡适才三岁零八个月，从此他在母亲冯顺弟的呵护下步步成长。冯顺弟是胡铁花的第三任妻子，胡适是两人唯一的子嗣。冯顺弟本来不识字，胡铁花在公务之余，就开始教其认字。胡铁花把红纸裁成方正的小方块，在上面书写要学的字，教给妻子。胡适后来述说父母在一起的这短暂时光时说："我父亲很爱她，每日在百忙中教她认字读书。"胡适不满三岁时，父亲也开始教他认字，而母亲就在旁边做助教，借此温习。

冯顺弟对丈夫非常崇敬，总是拿他作为榜样来教育胡适："你总要踏上你老子的脚步。我一生只晓得这一个完全的人，你要学他，不要给他丢脸。"冯顺弟教育胡适有一套自己的办法，她在有旁人时，从来不会骂胡适一句，更不用说打了。在人多的时候，胡适做了出格的事，或太调皮的时候，冯顺弟只用严厉的目光看着他，胡适便会被母亲的目光吓住，不敢再调皮。但是事情不会就此完结，如果犯的事小，冯顺弟等到第二天早晨胡适睡醒时才教训他。犯的事大，冯顺弟等到晚上人静时，关了房门，先责备胡适，然后行罚，或跪罚，或拧他的肉。无论怎样重罚，不许胡适哭出声音来，她教训儿子不是借此出气叫别人听的。

在一个渐生凉意的夜晚，胡适吃过晚饭后，身上只穿了一件薄薄的单背心在门口玩耍。胡适的玉英姨母看见其穿着单薄的衣服在那里玩，怕他着凉，于是赶紧从屋里拿了一件小衫出来，让胡适穿上。胡适倔强不肯穿，玉英姨母温柔地哄着胡适说："穿上吧，凉了。"胡适小孩子的调皮劲儿上来了，俏皮地说："娘（凉）什么！老子都不老子呀。"胡适刚说完这一句，便看见母亲从家门口走出来。胡适赶紧抓过玉英姨母手中的小衫套在身上。冯顺弟已经听见胡适的俏皮话，一开始什么也没说。到了晚上，人们都静静窝在屋里时，冯顺弟开始教训胡适。她让胡适跪在地上，气得发抖说："你没了老子，是多么得意的事！好用来说嘴。"胡适知道错了，不停地认错，母亲这才罢休。

胡适读书，可谓是闻鸡起舞。天色刚放亮，冯顺弟就会到房间叫醒胡适，进行一天的早训，让他说说昨天做错了哪些事，说错了什么话。待到胡适认错后，冯顺弟还要进行一番教诲。如此这般，天色也大亮了，冯顺弟就催促胡适赶快去上早学。胡适去得早，学堂通常还未开门。胡适总是先跑到先生家里敲门，取了钥匙后又跑回学堂，开了门，坐下来念生书。胡适对这"早自习"记忆很深刻："十天之中，总有八九天我是第一个去开学堂门的。等到先生来了，我背了生书，才回家吃早饭。”

胡适在学习上一直都有一股倔劲儿，喜欢什么，便一门心思扑进去，非弄个水落石出不可。有付出便有回报，胡适用功的结果，便是考试常常拿第一名，最终成为民国时期一代大师。胡适能有如此成就，离不开母亲从小的悉心教育。因此，**一个伟人的背后，总是有一位伟大的母亲，这也许是大家在择偶时特别慎重的原因吧！**

问“渠”哪得清如许

1886年，他出生于湖南省安福县城北的凉水井。这里地处丘陵地带，是一个四面环山、物阜民丰的小平原。一道清溪流滋润着这里的庄稼和农家，宛如世外桃源般。两百多年来，他的祖辈都在这块土地上繁衍生息，这一家是四乡八里闻名的书香门第。

他的父亲在北京完成学业时，正值戊戌变法失败，他深感清廷腐败无能，希望中国变法图强。他没有去做官，因为不愿意与那些官僚沆瀣一气，而是回到家乡，教一些学徒，贴补家用。父亲经常在外，家里就全靠母亲维持，日子虽说清贫，倒也说得过去。

儿时的他体弱多病，父母对他照顾不周，加之山乡小村，就医买药，路途遥远，人力财力，都很艰难。家人没有其他良策，为他健康着想，对他偏重静养。所谓静养，就是成天待在家里，尽量少出门，少和那些同龄的孩子疯玩，也免得染上风寒。可是弄巧成拙，温室里的花朵哪里能经什么风雨？等到他接近学龄时，居然变得举止迟钝，言语不清，甚至心神恍惚，视听模糊。家人们一时有些着急，有经验的农人说：“坛里生豆芽，成菜不成材。”家人们猛然领悟到，对他的教育出了问题，于是决定将“静养”改为“动养”，让他经风雨，见世面，在户外活动中增强体质，在人际交往中增加见识。

这时他年仅七岁，从家人的怀抱提携中解放出来，他犹如大梦初醒。他来到村里的儿童中，同他们一道，跑遍了周围的农田山林，辨认了许多草木虫鱼，甚至参加拾穗、摘瓜、扒柴和割草等力所能及的劳动。他比一般儿童更加喜欢观察和思考，像太阳升降、月相盈亏、风雨作息、寒暑往来，以及斗转星移、彩虹架桥等天象，一般人司空见惯，习而不察，他却常常喜欢问个为什么，试图从现象后面探索出某些本质的规律来。在伙伴们的带动和指点下，他对识字产生了兴趣，不出一年，就读完了《三字经》、《千字文》，遇到不懂之处，缠着大人请教，见识日渐广博。

1893 年冬天，父亲参加完乡试从省城回来，看见他长得结结实实，非常高兴。使父亲感到诧异的是，他竟能认识一千多字，能说出一些文句或段落大意，且能背诵。父亲觉得他很聪慧，于是有意识地经常带他走亲访友，到牌楼岗去祭扫祖茔，到凉水井周围的市镇上去赶集，开阔他的眼界。每到一处，就把这里是什么岗，什么垭，什么湾，什么坪，有什么寺观庙宇、古墓、祠堂，乃至丛林老树，流水人家，都一一予以指点，至于带有掌故的，更是详细述说。他边走边听，兴致勃勃，流连忘返。他热爱家乡的山山水水，一草一木，爱在夏夜湖边，冬日炉边，听年迈祖母和乡间老耄之人讲述民间传说和咸丰年间太平军攻打常德等地的故事，更爱听博学的父亲谈些英雄豪杰、墨客骚人的轶事趣闻。

父亲怀着期望儿子“雏凤清于老凤声”的心情，除了督导他继续锻炼身体、注意身心修养和帮助料理家务外，还亲自编辑了一套课本让他反复研读。这套课本共计四种，分别是《励志文选》、《励志诗选》、《励志词选》和《励志曲选》，所选诗文都是从古至今的精华。从 1894 年春天开始，父亲就逐步教他课读。这套课本，由于远近各私塾间辗转传抄，流行日广，直到辛亥革命前后，当地仍有一些私塾将它列入蒙学课本，可见教材的选编深受当时读书人的认同。

1895 年，他正式进入父亲刚创办的私塾就读，主课是《孟子》《大学》《论语》《中庸》，这给他打下了坚实的国学基础。父亲认为为学最忌空疏而不务实，只顾独善其身而不兼济天下。他认为要经世致用，不仅在于礼乐刑政，尤要充盈府库。父亲曾拟出一个书目，要他细读《史记》的《管晏传》《商君传》，《汉书·贾谊传》，《唐书》的《刘晏传》《杨炎传》，《宋史·王安石传》和《明史·张居正传》等篇，这些传主都是力主改革的人物。他那时记忆力旺盛，诵读了这些传记，知道稼穑艰难，为人做事必须务实，这对他后来重视理财和善于理财，产生了巨大的影响。

他就是林伯渠，从一个体弱多病、浑浑噩噩的蒙童，在父亲的精心培育下，最终成长为一代杰出革命家、政治家。**问渠哪能清如许，林伯渠的儿时经历值得我们每一个为人父母者思考，怎样的家庭教育才是最为有效的，我觉得还是要因材施教，要使儿童身心同步发展，才是最为要紧的。**

学会锦上添花

小时候，我有个水杯，是玻璃罐头瓶。罐头吃完后，瓶子丢了可惜，母亲让我用这个玻璃瓶喝水。玻璃瓶导热快，开水倒进瓶子里，根本不敢端，烫手。而且倒开水的时候，如果是冬天，先得倒少量开水在瓶里预热，否则瓶子会炸裂。我不怕麻烦，就怕烫手。母亲知道后，在街上买回一些五颜六色的细胶条，在玻璃瓶上又是缠绕，又是打结，一两天之后，这个素净的玻璃瓶焕然一新，瓶身外穿上了胶条外衣，上面竟然还有熊猫吃竹叶的图案。母亲居然还有这样化腐朽为神奇的本事，我们都惊呆了。

我得意地把罐头瓶带到学校，在众目睽睽之下，拿出来喝水，同学们都羡慕不已。语文老师看见了，也非常惊叹，她在黑板上写下“锦上添花”四个字后，说道，同学们，这就是锦上添花。一个普通的罐头瓶，这么一打扮，又美观又实用，这就是创意啊！那一课，我们都记住了“锦上添花”。后来我发现，生活中像这样的例子还很多，比如瓷胎竹编，钢笔外壳雕花，热水器电脑温控装置，电饭煲电脑控制烹饪时间，手机增添拍照、录音功能等。几乎每一次“锦上添花”，都能推进产品的更新换代，从而带来滚滚商机。

美国人谢瑞在陪三个孩子玩耍的时候，突然想到不妨装饰一下孩子们那些五颜六色的旧卡骆驰鞋。于是，她拿出自己的针线篓，开始往这种时下流行的树脂平底鞋那标志性的小窟窿里塞各种纽扣和人造钻石。她七岁的女儿在一旁看得如痴如醉。不一会儿，家里十几双卡骆驰鞋就穿上了独一无二的新装，光彩熠熠。披上漂亮外衣的旧鞋一穿出去立刻好评如潮，大家的赞美让谢瑞意识到其中的商机。于是在自家的地下室里，谢瑞开始设计和制作精致的小鞋花，批发给超市零售，顾客趋之若鹜。后来，谢瑞申请了专利，扩大生产，成立了智比星公司，并且找到了几位中国制造商，产量立刻突飞猛进。卡洛驰公司的一位创始人看到谢瑞的产品后，意识到两者的联合将是双赢，于是他们出资 2000 万美元，收购了谢瑞的鞋花制造公司。从开始给孩子旧鞋装饰鞋花到被卡洛驰公司收购，谢瑞仅仅花了一年时间，就成了千万富翁，创意无极限，这充分证明了锦上添花的力量。

有时候，创意就是需要打破常规，就是要想别人之未想，就是要锦上添花，最终你的创意说不定就能收获一项成功的产业。加州西梅协会发现，所谓特殊的变通其实简单无比，只需换个名字即可。“李子干”一词会让许多人立刻联想到老人和药品，如此一来，年轻的消费者自然会对这一产品望而却步。当研究显示，十个人当中有九个人觉得这个词语和老年人有关的时候，食品和药品协会向该协会颁发了官方的书面许可，允许他们更改产品名称。结果改名为“西梅”后，产品销量立刻节节攀升。因为这个名字阳光时髦，可比“李子干”好听多了。**锦上添花不难，关键是你得有一双慧眼，否则就算灵感闪过，你也不能捕捉其中的商机。**

精诚所至，金石为开

美国家得宝公司是全球领先的家居建材用品零售商，其总经理有次去打高尔夫，另外一个打高尔夫球的人，听说他是家得宝的总经理，在简单的寒暄后，直接说道："你们公司，肯定开不了多久，就要关门了！"

能经常打高尔夫球的人，都是政商界的名人，看问题有自己独到的眼光。家得宝总经理大吃一惊，赶紧向他请教，为什么说公司要关门了？因为他觉得最近公司经营得好好的，各种财务数据都很正常，并没有出现经营不善或者资金链断裂的苗头。

那个人说，他有一个朋友去家得宝的连锁店里，要买 200 美元的水龙头。店员问："你为什么要买这个水龙头？"顾客说："我们家水龙头坏了，要换一个新的。"

店员又问水龙头什么地方坏了，顾客如实说了。店员告诉顾客，不用买一个新的水龙头。只需要花 2 美元买一个配件，他可以负责免费修好。就这样，这个店员不做 200 美元的生意，却只做了一单 2 美元的生意。

家得宝总经理听了这个故事，不仅没有生气，反而夸自己店员做得好。他说家得宝的价值观就是一切为顾客着想，不鼓励顾客购买不需要的东西。最主要的是，公司的薪酬制度不把员工的收入跟销售额密切挂钩，因此员工根本没有销售压力，他们才能站在顾客的角度来设身处地为消费者着想。

家得宝的经营理念通过顾客的口碑宣传出去后，大家都觉得家得宝的店员和商品是值得信赖的，这就带来了更多的回头客和新的消费者，从而给自己培养了忠实的用户群体。家得宝能够成为沃尔玛一样的全球连锁企业，跟他们的企业文化有很大关系。

同事老张的儿子上高二，老张想在网上买套《名师兵法》，搞搞题海战术。可是他没有网购经验，得知我在网上经常买东西，就叫我帮忙。按照老张提供的信息，我在网上找到了这家出售《名师兵法》的商铺。网上卖《名师兵法》辅导书的，只此一家，看起来生意还不错，不然不会那么牛。两天后，这套《名师兵法》到了，打开包裹一看，书是正版书，这没有问题。只是快递单上标注的运费只有 14 块，而网店强行要我付了 40 块运费，相当于网店多收了 26 块钱。退钱肯定是不可能的了，我又怕麻烦就没向淘宝网投诉，只是付钱之后给了个中评。

十多天过去了，我已经忘掉了这件事。忽然有天中午，电话突然响了，号码不熟悉，我就挂掉了。可是对方锲而不舍，又把电话打来了。

我刚一接通，对方就问我："你是不是某某某？上次在网上买过《名师兵法》啊？"

我诧异地说："是啊，你怎么知道的？"

对方气呼呼地说："你干吗要给我们打中评，价格可是我们事先说好了的。"

于是我把原因告诉了她，"做生意讲究诚信，消费者产生了多少运费就收多少运费，有些网店还会主动给客户免运费。但是你们很奇怪，还多收客户运费，这明显是一种欺诈行为。作为一个消费者，我有权利给你们的网店打中评，没给差评已经是我手下留情了。"对方无话可说，只得把电话挂了。

商家心中有顾客，顾客心中才会有你。如果商家没有真正"顾客至上"的意识，只会让自己的经营每况愈下，从而被市场淘汰掉。

感谢的力量

20 世纪 80 年代，罗茜·欧唐内还是一名表演单人脱口秀的喜剧演员。一天，她听说有一个千载难逢的机会：成为 MTV 电视台的节目主持人。当时罗茜还很年轻，正在寻找机会将自己的观众范围从当地俱乐部扩展到全国，所以她决定去争取这个机会。她制作了一盘首次由自己剪辑的录影带，并且飞到了纽约参加高层的面试。

“我并没有得到那个工作。”罗茜说，“不过，我给他写了一封感谢信，谢谢他能给我这次机会。”在一个以自负、傲慢著称的行业中，她这一令人感到亲切且得体的做法自然引起了对方的注意。于是，MTV 电视台的高层运用自己的权力，将罗茜试镜的录影带递到了热门录像带一台。罗茜因此而找到了最适合她的工作，并成功地在电视上一炮走红，成了炙手可热的电视明星。

没错，罗茜凭借她出众的才智得到了这份工作。但是，假如她没有写那封感谢信，假如那位 MTV 电视台的高层不是因此而将她的录影带交到热门录像带一台，而是直接弃之不用，那么罗茜将永远都不会像现在这样出名。

著名餐厅经营者丹尼·梅耶一直坚持每天亲自为其餐厅就餐的客人至少写两张感谢便签，他所经营的餐厅凭此而荣膺纽约最受欢迎餐厅。他在感谢便签上的留言简单却发自肺腑，有时是衷心祝愿用餐者周年纪念快乐，有时则是恭祝对方喜获升职。“我觉得，在当今这个世界上，人们总是不得不化作三头六臂，唯有如此才能应付如洪水般涌来的庞大信息量。”他对我们说，“这时，人们往往会做出牺牲，不幸的是，富有人情的小举措就是其中之一。”

一封感谢信，一张感谢便签，看起来微不足道，但是它们却成了罗茜和丹尼事业成功的催化剂，可见细节不容忽视。**感谢看似客套，却也不可或缺。一句简单的“谢谢你”往往能够决定你给对方留下的印象是好还是坏。**新墨西哥大学的凯瑟琳采访了 186 个人，受访者都曾有过送礼给对方，可对方并不喜欢这份礼物的经历。这时候，拿着自己不喜欢的东西，肯定会有些不满意，这些会从你的表情或语言暴露无遗。要化解这样的尴尬很容易，只需要一句简单的“谢谢你”就已经足够，哪怕这句话并非发自肺腑！

中国是传统的礼仪之邦，然而在日常生活中，我们发现很多年轻人已经忘记了在得到别人帮助时，应该真诚地道上一声“谢谢你！”这是一种不好的现象。也许这些人以为，别人给他们帮忙是理所当然的，根本不需要说谢谢。但是长此以往，人与人之间变得冷漠起来。施助者会想，给你提供帮助不过是举手之劳，但我们起码应该得到一句感谢吧！既然连感谢也得不到，那我凭什么给你无偿施以援手呢？要知道，很多事情都介于帮与不帮之间。不帮，对于施助者来说没有丝毫损失，但是对于年轻人来说，却有可能失去人生中改变命运的机会！

感谢是寒冬里的一碗热气腾腾的汤，暖心暖肺暖胃。感谢拥有无限的力量，它可以拉近我们彼此间的距离，成为我们人生的助推器。让我们都学会感谢吧，这应该成为我们的一种习惯！

积细流可成江河

2007 年 10 月，约翰·布林坐在自己位于印第安纳州卢明顿家中的餐桌旁，翻来覆去地用词汇闪卡帮助他的大儿子本准备 SAT 考试。复习的过程无聊单调，每次本说错一个词，弟弟凯西就在一旁嘲笑他。看起来，除了凯西，没有人乐在其中，而且这些闪卡似乎对本的帮助作用也不大。

本的烦恼不是孤例，相信其他准备考试的孩子也会遇到。其实何止是美国孩子，全世界所有需要接受英文考试的孩子们，都对记忆英文单词头痛，因为好多单词记忆起来都没有多少规律可循，只能死记硬背，而这样枯燥的过程大大降低了我们对英文学习的兴趣。

“一定会有更好的办法，让孩子们记单词变得好玩，变得有趣起来！”作为一名电脑程序员，约翰想到，一个关于词汇的电脑游戏也许能更好地抓住儿子的注意力，从而让他的 SAT 成绩能够突飞猛进。与此同时，约翰一直都在设计一个网站，希望能够终结世界上的饥饿问题。这个问题非常严重：“据世界粮食计划署公布的最新数据，目前全世界共有 8.42 亿人，也就是每 8 个人当中就有 1 个生活在饥饿之中，每天晚上饿着肚子睡觉；而全球大多数缺粮人口生活在南亚，其次是撒哈拉以南非洲和东亚。”只要人们有意愿，一定能解决这个饥饿问题。因为这个世界发展极不平衡，一些人成天挨饿，一些人却时刻享受着奢靡的生活，只要他们捐献一些爱心出来，就有希望终结饥饿。

约翰决定将这两个项目合二为一，就这样，Free Rice.com 诞生了。约翰花了整个夏天的时间将数千个英文单词及其释义编录进他设计的游戏里。当人们每一次点中某个词语的正确意思的时候，联合国粮食计划署就会收到一笔 20 粒米的捐赠。联合国会将募集到的大米分发给全球各个地区需要粮食的人，在该网站上刊登广告的商人负责支付这笔费用。自从该网站面世以来，它已经吸引了数百万游戏玩家，平均每天的访问量都高达 4 万人次，这意味着每天大米的捐赠量多达 1.5 亿粒。

截至目前，该网站已经募集了 420 亿粒米。尽管每名游戏玩家捐赠的 300 粒、500 粒甚至 1000 粒米看上去似乎并不多，但是聚沙成塔，当这些单个的力量汇聚在一起的时候，就可以让很多孩子吃饱肚子。“每一名游戏玩家的贡献都很重要，都是这一集体成果的一部分！”约翰这样说道。“这并不是我的功劳，这是所有秉持我们都做一点点，加起来就很多这一信念的人们一起努力的结果。”更重要的是，那些游戏玩家在捐赠爱心的同时，无形中提高了记忆单词的效果，网站实则践行了“快乐学习、终身学习”的理念，因为成年人也可以参与其中。

互联网改变了我们的生活和思维方式。我们也在做慈善，我们也在引进和消化来自于欧美的互联网新做法，为什么就不能引进约翰这种慈善 + 游戏网站的操作模式呢？我国西部地区还有许多赤贫人群，还有许多挣扎在温饱线上的家庭，他们也需要我们的帮助呀！**20 粒米的爱心看似微不足道，但是当所有爱心汇聚在一起的时候，就会产生无穷的力量。**关键是，我们的帮助需要找到一个公开透明的切入点，而且最好跟我们的生活比如记忆英文单词结合起来。

第五辑

机会垂青努力且有准备的人

机遇就像泥鳅，不抓住就会溜掉。

机遇也总是垂青有准备的人，帕格尼尼的炒作有个前提，

那就是他已经具备了这样的本领，只是在一个偶然的时机，

如火山爆发般把自己的才情宣泄了出来而已。

成功不会辜负努力奋斗的人

曾昭抡先生是我国著名化学家，中国科学院院士。他出生于湖南湘乡，是晚清名臣曾国藩的侄孙。他 1920 年赴美留学，学成归国后一直在各大学做教授，堪称桃李满天下。彼时民国学人，因为受到五四运动思潮的影响，眼见国家积贫积弱，都渴望能为国为民做一番事业。**要想有番成就，肯定就不能人云亦云。特立独行应该是学者的基本要求，学术上是这样，生活上也是这样，**曾昭抡先生就是其中之一。

曾昭抡作为教授，在学术上要求极为严格。他曾经站在沙滩红楼前，和电线杆子又说又笑地谈论化学上的新发现，让过往行人无不骇然；一次，他带着雨伞外出，天降暴雨，他衣服全湿透了，却仍然提着伞走路；在家里吃晚饭，他心不在焉，居然拿着煤铲到锅里去添饭，直到他夫人发现他饭碗里有煤渣；他忙于工作，很少回家，有一次回到家里，保姆甚至不知道他是主人，把他当客人招待，见他到了晚上还不走，觉得奇怪极了。后世的人评价说："中国大学里做实验、搞研究的风气，至少在化学这门学科里，可以说是从曾公开始的。"

曾昭抡在学术上精益求精，但是生活上却不修边幅，这一点跟某些教授成天西装革履成为鲜明对比。据他的学生回忆，从 1943 年进入西南联大化学系的第一天起，他所见到的曾先生，蓝布大褂总是破破烂烂，胡子不刮，头发乱糟糟的，还穿着一双破布鞋，“脱下来，袜子底永远破个洞！”西南联大是抗战时新建的学校，校舍是在坟地中开辟的，泥土松软，下雨时到处是烂路。穿布鞋的曾昭抡可就遭了殃，一双布鞋穿不到一个雨季就坏了，他又舍不得买新的，鞋子前后开口，走起路来踢踢踏踏的。学生见了都觉得不可思议，觉得这哪里是个教授的样子，可是曾昭抡的博学却又让学生佩服。曾昭抡在化学、算学、物理学、地质、文学、音乐、美术、军工、国际关系……几乎在一切领域，都显示出超人的学识和智慧，真正是“人类的一切我都不陌生”。

曾昭抡不修边幅是有历史渊源的。他回国后出任中央大学化学系主任，国民党高干朱家骅出任中央大学校长时，专门召集各系主任开会，以便互相认识，开展工作。曾昭抡来是来了，可仍然是那幅蓬头垢面的样子。朱家骅见了就问他是哪个系的，曾昭抡答是化学系的。朱家骅以为化学系弄了个管收发的来应付，就冲着曾昭抡挥挥手说：“去把你们系主任弄来开会。”曾昭抡也不答话，回宿舍后，他卷起铺盖立马离开了中央大学，很快去北大化学系做了系主任。

费孝通曾说："曾昭抡把一生的精力放在化学里边，没有这样的人在那里拼命，一个学科是不可能出来的。现在的学者，当个教授好像很容易，他已经不是为了一个学科在那里拼命了，他并不一定清楚这个学科追求的是什么，不一定会觉得这个学科比自己穿的鞋还重要。"鲁迅先生说："哪里有什么天才，我是把别人喝咖啡的时间都用在了写作上。"同理，曾昭抡先生也是如此，他把别人梳妆打扮、吃喝应酬的时间都用在了化学研究上，朝着一个方向坚持努力，曾昭抡想不成功都难。

成功总是青睐有准备的人

有一个天才小提琴家，不但擅长演奏，更擅长作曲。才华横溢的他，为了能够在演奏时更突显自己超人的技巧，常常创作出让世人惊叹的超高难度杰作！也因为如此，每一次他的新曲发表会，总是万人空巷，一票难求。

这一次，他一年一度的独奏会，又在国家级的演奏厅揭开了序幕，所有台下的乐迷都很期待小提琴家究竟会奏出什么样的精灵乐章，来冲击大家的听觉。果然，小提琴家充满自信地拉下琴弓，不负众望地奏出了他最新创作的乐曲。

演奏到了曲子的高潮处，在一段高低音转换剧烈的章节，小提琴家的一根琴弦竟然应声而断！全场的观众看到这一幕，无不哗然，数千双眼睛都盯着台上，大家都很好奇小提琴家会怎样处理这般尴尬的场面。只见小提琴家不慌不忙地微微一笑，稍稍整理了一下所剩的三根弦，又从中断处继续演奏。

所有的听众都很讶异小提琴家究竟使了什么魔法，为什么断了一根弦后的演奏，仍然听不出丝毫破绽，甚至音色比断弦前还要嘹亮？伟大的艺术家总是喜欢给自己出难题。过了一会儿，又有一根琴弦断了！这一回，所有的观众都鸦雀无声，他们认为演奏应该要结束了；没想到，小提琴家又理了理剩下的两根弦，仿佛什么也没发生一般地继续演奏。眼见台上的巨星运用奇迹般的技巧，度过了两次难关，台下的观众立刻响起如雷般的掌声！

就在掌声稍歇，乐曲进入到最终篇章时，上天像是在捉弄人似的，小提琴家又在众目睽睽下，拉断了今天的第三根弦！四根弦被拉断了其中的三根，台下的观众每个人都站起来向小提琴家致意，认为今天实在太精彩了，虽然发生了几次断弦的意外，可是能坚持到此，已经可以说是非常伟大的表演。

就在大家都认为演奏会已经结束的这一刻，小提琴家沉思了几秒钟，望着自己只剩下一根琴弦的小提琴，扬起了琴弓，用仅剩的一根弦将曲子拉完！在结束掉最后一个音符的一瞬间，小提琴家振奋地在台上大喊："一根弦的帕格尼尼！"台下观众掌声雷动，演出获得巨大成功。

众所周知，小提琴有四根弦，每根弦都代表着不同的音色和音域。在一首完整的乐曲中，每根弦都会发生作用，不要说缺三根弦，就是缺一根弦，一首乐曲也完成不了。在音乐会上，这当然是个意外，换把小提琴重新开始演奏就行了，观众会谅解的。

但是演奏者没有这样做，因为他是十八世纪意大利最伟大的小提琴家帕格尼尼。他是个音乐天才，既会演奏又会作曲。用两根弦甚至一根弦，他都能奏出一曲曲美妙的音乐来。这一场奇迹般的表演，被许多乐评家称作史上最伟大的一次小提琴演奏！

我觉得，这是帕格尼尼一次精心的炒作，他利用一次意外把自己会用两根弦甚至一根弦演奏小提琴的本领公开化了，而且是演奏自己创作的乐曲。对于其他的小提琴家来说，这是望尘莫及的，从而奠定了他小提琴大师的卓越声望。

机遇就像泥鳅，不抓住就会溜掉。机遇也总是垂青有准备的人，帕格尼尼的炒作有个前提，那就是他已经具备了这样的本领，只是在一个偶然的时机，如火山爆发般把自己的才情宣泄了出来而已。

抓住转瞬即逝的机遇

意大利著名男高音歌唱家帕瓦罗蒂在成名前经常做巡演。有一天夜晚，他在一间小旅馆里正准备就寝，隔壁却传来小孩的哭闹声，一哭就是三四个小时，搅得他不胜其烦。

想到第二天还要赶场子，帕瓦罗蒂非常生气，准备去隔壁房间提醒一下。可是他刚走到隔壁门口，抬起手正要敲门，却停住了。刹那间，他忽然想道："奇怪，我平常唱歌一个小时就筋疲力尽了，怎么这个婴儿哭了这么久还中气十足呢？"

于是他仔细揣摩这个婴儿的哭声，他惊讶地发现：原来婴儿哭时不单是用丹田发声，还会在他们快破声时把声音拉回来，所以才能连哭许久不间断。然而这一点窍门，不仔细听根本听不出来。呼吸是歌唱中的重要技巧，经过不断练习，帕瓦罗蒂掌握了这种婴儿般的循环呼吸法，一跃而成为国际知名的歌唱家。

十六岁那年秋天，齐白石跟着师傅干活回来，在乡里的田垄上，远远看见三个木匠走过来，齐白石并不在意，因为不过是同行。然而走到身边时，师傅却垂下双手，侧着身体，站在旁边，满脸堆笑问他们好。那三个人却傲慢得很，寒暄两句就头也不回地走了。齐白石非常诧异地问道:“人家是木匠，我们也是木匠，师傅凭啥对他们那样恭敬呢？”师傅拉长脸说:“小孩子不懂得规矩！我们是大器作，做的是粗活。他们是小器作，做得是细活。他们能做精致小巧的东西，还会雕花，这种手艺，不是聪明人，一辈子也学不成。我们大器作的人，怎么能跟他们平起平坐呢？”

齐白石听了，很不服气，他们是人，自己也是人，哪有学不会的。于是他就离开了原来的师傅，跟着雕花匠周师傅去学小器作了。周师傅的雕花手艺，在白石铺一带非常有名，他用平刀法，擅长雕刻人物。师徒二人非常投缘，周师傅把齐白石简直当成亲儿子一般看待，平生本事都传授给他。学会平刀法后，齐白石又琢磨着改进了圆刀法，技艺日渐精湛，一些乡绅婚丧嫁娶要做木器，都主动邀请齐白石去做。有一次无意中在一个主顾家里见到了一本残缺的《芥子园画谱》，齐白石大喜。因为画谱是一本理论书籍，虽是残缺不全，但是从第一笔画起，直到画成全幅，逐步指点，非常实用。齐白石仔细看了一遍，才觉得以前画的东西，实在要不得。画人物，不是头大了，就是脚长了；画花卉，不是花肥了，就是叶瘦了，反正都有小毛病。

齐白石就跟主顾把这本画谱借来，买了些薄竹纸和颜料毛笔，在晚上收工回家的时候，用松油柴火为灯，一幅一幅地勾影。足足花了半年，把这本残缺的《芥子园画谱》都勾影完了，钉成了十六本。从此，齐白石跟画画算是正式结缘，开启了由木匠到国画大师的起点。

如果帕瓦罗蒂对婴儿的哭声充耳不闻，如果齐白石一辈子做木匠粗活，不接触到《芥子园画谱》，我想他们都不会成为行业内的佼佼者，从而改变自己的命运。**人生机会很多，但是机会却不是那么容易把握，总是稍纵即逝。如果我们都能像大师们那样抓住机会，刻苦钻研，相信你也会取得不俗的成就。**

机会就躺在你的脚边

离婚之后，52 岁的卡罗尔没有工作，没有收入，还背负着因为不动产投资失败而带来的高达 100 万美元的债务。卡罗尔的律师劝她去看看心理医生，或者养条狗。对方这句充满同情和怜悯的忠告给了卡罗尔一点提示。“我的生活需要爱和微笑。”卡罗尔告诉自己，“养条狗能满足我的这两个要求，而且还不会带来任何保险麻烦，更不会成为我身边的定时炸弹。”

卡罗尔一直都喜欢牛头犬，当她听说一条名叫萨尔达的四个月大的小狗因为主人对养狗失去兴趣而想将它送人的时候，她立刻跑去看它了。“刚进门，我一眼看到它，就立刻有种一见如故的感觉，它就是我的翻版。它需要爱，我也需要爱。”

然而，此时此刻，卡罗尔更需要的是为自己的新伴侣找到充足而且稳定的食物来源。带着这一目标，卡罗尔决定参加由当地一家宠物商店举办的一年一度的圣诞卡片大赛。大赛的奖品就是每个月都将获得宠物商店提供的 40 磅狗粮，为期一年。卡罗尔将一顶圣诞帽戴到了狗头上，又给它洗了个泡泡澡，还用肥皂泡给它做了一圈假胡子。卡罗尔将萨尔达的照片寄了出去，还配上了文字说明：

“今年圣诞节，我用丈夫换了条狗……不赖的交易，不是吗？”最后，卡罗尔真的赢了比赛。

那一年，卡罗尔把这张获奖照片印在了节日卡片上，送给了自己的朋友们。和卡罗尔一样，大家都对这只小狗一见钟情，都喜欢上了它那古怪而若有所思的样子。“喔，上帝啊，我们每个人心里都有个萨尔达。”卡罗尔突然意识到。卡罗尔从节日卡片取得的成功中获得了灵感，何不就用萨尔达做模特，制作一些问候卡片谋利呢？卡罗尔走访了几家卡片商店，想看看有没有类似的竞争对手。结果，她根本就没看到类似卡片。“还没有人用活生生的小狗做模特，给它起名字，然后围绕它设计卡片。我看到了一个机遇，这个机会有些另类，也需要勇气。”背负着七位数债务的卡罗尔一无所有。

卡罗尔曾经是一家广告公司的创意总监，直觉使她能够看到一个模特的潜质。毫无疑问，萨尔达就是一个这样的模特。卡罗尔给她认识的最好的职业摄影师打电话，请他来拍一些试用的样片。卡罗尔又说服了一位印刷商，对方答应给她 90 天时间让其制作第一批样品卡片。每张卡片上的萨尔达都极尽滑稽之能事，窘态百出，而且还配有一句简单的问候语。譬如说：“祝你每时每刻都美好。”卡罗尔将萨尔达那古怪而滑稽的特质演绎得淋漓尽致。没过多久，霍曼公司就注意到了这些稀奇古怪的卡片。就这样，一个女人由绝望孕育出来的奇思妙想，最终演变成了一系列问候卡片、礼品、服装、珠宝首饰和励志书籍，销往全世界。现在，萨尔达已经是一只十几岁的老狗，但与此同时也是经验老到的首席明星模特，给卡罗尔带来了源源不断的收入。

压力只会为失败和挫折提供机会，卡罗尔用卡片和萨尔达为载体充分地展示出了自己的智慧，让自己的生活发生了翻天覆地的变化。卡罗尔说，“**有时候，机会就躺在你的脚边，就像萨尔达。你必须了解自己是谁，以及你的喜好，然后就跟随自己的直觉走。**”

机遇来临前做好准备

1961 年 8 月 4 日，他出生在夏威夷。母亲是一个美国人，而父亲来自肯尼亚。他是个异类，他就是美国历史上第一位黑人总统，时年 48 的奥巴马。

从 10 岁起，奥巴马基本是在外祖父母的关怀下成长。没有父母的关爱，让他的心灵倍感孤独和压抑。一直到哥伦比亚大学毕业，奥巴马也不知道哪里是他的家园，这辈子究竟应该怎样度过。

在芝加哥南部的黑人社区，为了区区 3 万美元的年薪，奥巴马选择了为社区服务。为了实现更高的理想，1988 年 8 月底，27 岁的奥巴马离开他工作了 3 年之久的芝加哥，来到了久负盛名的哈佛法学院，攻读 3 年制的博士学位。

排名比较靠后的哈佛法学院的学生，也多能在毕业后找到年薪 16 万美元以上的律师类工作。这与奥巴马 3 年前的 3 万美元年薪相比，自然是天壤之别。天资聪颖的奥巴马在哈佛法学院如鱼得水，很快就在这群法律精英中崭露头角，先后当上了《哈佛法学评论》的编辑和主编，为他以后从政打下了坚实的基础。

《哈佛法学评论》是哈佛法学院最古老、最有分量的刊物，能做这本刊物的编辑，是每个哈佛法学院学子的梦想。可是奥巴马开始对当编辑并不感兴趣，他只想从哈佛毕业后，带着那个金字招牌和新认识的精英朋友，再回芝加哥，在政界施展拳脚。

1989年，学期还没有结束之前，同学们就在谈论竞选《哈佛法学评论》编辑一事。奥巴马的同窗好友与他有过一番谈话："巴瑞，"朋友们喜欢这样称呼奥巴马，"你有没有想过竞争《哈佛法学评论》的编辑？"

"没有。我只是想毕业后回芝加哥，当编辑好像对我没有什么帮助。再说，做编辑很辛苦的，而且竞争也很激烈。"奥巴马不以为然地说。

"不过编辑这个头衔是个荣誉。一个表明自己优秀的标志。所有有实力的同学都把这个看得很重，如果错失一次良机，可是代价很大，很难弥补的。"朋友规劝道。

一席话惊醒梦中人，可是奥巴马还在犹豫不决，直到截止日期快到了的最后几天，他才意识到那个职位对于他的真正意义。那是个证明自己能力，同时磨炼自己，打开一个更大社交圈的机会。那种付出值得！于是，奥巴马花了不少时间来准备相关的申请资料，直到截止那天上午他才最终弄好。

规定要求是在下午一点钟之前，以邮戳为凭，寄出的申请才算有效。等奥巴马赶到邮局时，已经是下午，快过了最后期限。那时邮局有很多人在排队，如果按正常排队等下去，奥巴马肯定是错过了截止期。

在奥巴马的苦苦哀求之下，排队的人和邮局的工作人员给他提供了方便，给他加盖了下午一点钟之前的邮戳。这个违规行为改变了奥巴马的命运，也改写了美国的未来。没有它，就没有那个编辑职位，而没有编辑职位，奥巴马也不可能在一年之后当上主编。而正是主编一职，让他第一次作为一颗巨星闪闪发光，为他日后当上美国总统做好了铺垫。

那天下午的一点钟，是奥巴马生命的拐点。**其实在我们每个人的生命中，都有这样的一些拐点，都有这样的一些机会，关键是你要做好准备，同时在机会来临时牢牢地抓住它。那么我想，即使你成不了总统，也会让自己的生命大放异彩。**

练就一双“慧眼”

一位丹麦警察正在街上巡逻，忽然发现对面有一辆自行车飞驰而来。警察习惯性地打开测速器，发现自行车跑的居然是汽车的速度。于是他毫不客气地将自行车拦下，车上跳下一个满头大汗的学生。“先生，我要迟到了！”学生紧接着问：“要罚款吗？”“当然，你是哪个学校的？叫什么名字？”警察说。警察将交罚款的时间和地点告诉了学生，然后说道：“你可以走了。”

一周之后，学生所在的学校收到一封来信：“欢迎你校的学生斯卡斯代尔参加本俱乐部。这里将为其自行车训练提供最好的条件。”信是由丹麦最著名的自行车俱乐部寄来的，信中还夹着一份警察测定的“自行车时速表”，显然是那位执法如山的警察向俱乐部推荐了斯卡斯代尔。数年后，丹麦出了位奥运会自行车赛冠军，他就是斯卡斯代尔。

如果没有那位警察的举荐，我想丹麦肯定会少一位奥运冠军了。警察查车辆超速，这是他们的职责所在。可是这位警察不仅尽职，而且以伯乐的眼光发现了一个运动人才，从而给后人留下了一段佳话。

这个世界上从来不缺少人才，全才也好，偏才也罢，只要是人才，都应该给他们提供展示的舞台，让他们实现自己的人生价值。可是事与愿违，大多数人才都从事着与自己特长风马牛不相及的工作，以致人才就这样被埋没了，只留下人才们的暗自喟叹：英雄无用武之地啊！

人才或者是绩优股，或者是潜力股，都需要我们去发现，去培养，而这都是需要一大批伯乐们才能完成的。建国这么些年了，中国人一直没有得到诺贝尔奖。是中国人不聪明吗？我看未必。诺贝尔奖获得者中有过中国人，但是那些科学家都不再是中国籍了。他们的获奖成果，都是在国外的科研机构工作时取得的。看来这就是问题的症结所在了，国内缺乏产生创新型人才的学术环境和教育背景。难怪学界泰斗钱学森先生辞世时，会提出这样的世纪之问：我们中国人，什么时候才能得到诺贝尔奖呢？

国人的诺奖情结挥之不去，这不难理解：堂堂泱泱大国，看着别人走马灯似的得诺奖，而自己却始终与诺奖绝缘，那心里真是五味杂陈。这有点像印度，10 亿人口以上的大国，每次奥运会上都剃光头，颜面无光啊！因而，当北京奥运会上印度实现奥运冠军零的突破时，那位射击选手获得了民族英雄般的国之礼遇。

前几天我去听一个学术讲座，主题是《孩子是怎么变傻的》，让人颇有感触：孩子是被爱傻的，限傻的，学傻的，忙傻的，骂傻的，夸傻的，教傻的，考傻的。这些关键词揭示出这样一个现象，我们的家庭、学校和社会形成一股合力，或多或少地把孩子们变傻了。而这些孩子，正是我们未来的人才啊！看来中国出不了诺贝尔奖获得者，我们每个人都难脱干系，因为我们每个人都是家庭和社会的参与者。

丹麦警察的力荐，产生了一个奥运冠军。**我们难道就不能多一双慧眼，从身边做起，为国家发现那些蓄势待发的人才吗？也许说不定，你就是那个石破天惊的人才，那我们就毛遂自荐吧，因为推销自己也是选拔人才的一种方式。**

不要羞于毛遂自荐

初一新生分班军训归来，女儿说班长好凶哦，管得同学们颇有怨言。我说这才几天，你们就有班长了。班长是怎样产生的？

女儿说班主任冯老师让在小学阶段当过班长的同学举手，只有那位女同学举手。冯老师就说让她暂时代理班长了！我诧异地说，你在小学也当过班长的，为啥不举手啊？女儿说当班长很麻烦的，要得罪人。之后，宿舍的室友就在背后议论这位新班长是麻袋装钉子显尖尖。

“这哪里是显尖尖，这叫毛遂自荐，这叫推销自己。能力在锻炼中成长，当班干部可以锻炼自己的人际交往能力，下次正式竞选班干部的时候，你一定要站出来竞选，用实力证明自己。”女儿听了，嗫嚅着答应了。现在的孩子怎么变得这样世故，没有担当，这可不是什么好兆头。

其实我们成年人，**在面对机遇和挑战的时候，也常常瞻前顾后的，结果往往错过最佳发展时机，以致终身遗憾。**试问毛遂，本为平原君帐下一普通门客，三年未得崭露锋芒。原因无他，平原君不了解毛遂的真实能力，当然不会委以重任。毛遂于是自荐出使楚国，凭三寸不烂之舌，让楚、赵联盟，结果一举成名。

我们常说“是金子中总会发光的”，可是人的生命是有限的，短短几十年时光，如果有真才实学却又不愿毛遂自荐，最终这块金子因为没有遇上淘金人，只能与污泥浊水为伴，从而抱憾终生。我们永远不要想当然地认为只要做好自己的本职工作，别人就会提拔重用你，这种想法已经不合时宜了。**现代社会竞争激烈，我们得抓住一切机会展示自己，推销自己，这样才能在适者生存的社会中脱颖而出。**

好莱坞有一个杰出演员叫罗德·斯泰格尔。在他出道从事演艺事业四十年之后，一个记者曾经问他：“成为影坛常青树的秘诀是什么？”斯泰格尔回答说：“每天早晨我起床后，都决心走出去，让他们知道老子还活着。”当然不是“每天出去走走”，斯泰格尔就能成为“常青树”，其隐含的意思在于，只要有适合自己的剧本，那么自己就要去接，这样就能始终保持一定的曝光度，从而最终艺术生命常青。

美国著名投资顾问兼畅销书作家斯普纳，多年前经营的股票经纪公司破产了，被来自纽约的一家大公司收购。但是纽约的管理层觉得这家分公司无足轻重，因此根本不重视他们。“别指望曼哈顿之外的任何事会让董事会放在眼里，要想让他们认真对待咱们可不容易。”有员工给斯普纳反映。于是斯普纳觉得不能坐以待毙，得毛遂自荐才行。于是斯普纳去纽约见了董事会主席，给他看了纽约评论家对自己著作的评论，包括一家纽约杂志专栏关于斯普纳和他作品的评论。能得到纽约评论界的肯定，这充分证明了斯普纳的能力，于是整个董事会都对斯普纳及其分公司另眼相看了，有什么优惠政策也总是先想着他们，公司很快就取得了成功。

不要羞于毛遂自荐，不要把自己的能力藏着掖着。于是，你很快就会发现，你的面前天蓝地青，一切都是那样美好。

寻找适合自己的路

艺人张曼玉的成功人尽皆知，在整个华人圈都是妇孺皆知的名角。而过去，在成长的道路上，她却曾经为她错误的坚持付出过不少的代价。刚进入演艺圈的时候，她还是个少女。那时，她只想在银幕上扮靓，只肯演妩媚动人的少女。演了几部电影后，却没有得到预期的效果，观众不认可她的妩媚，不认可她演美貌少女时的表演。

这时候，有圈中人劝她，以她的形象、她的演技，应该有更大的发挥余地。如果不是总演少女，也会取得成功。这个建议本来很中肯，可那时，张曼玉很相信自己的演技，也相信自己的相貌，相信自己的青春。于是，她固执己见，继续演少女。这样又演了几部戏，结果还是没有取得预期的成功，因为票房就能说明一切，张曼玉的名号并没有太多的号召力。

屡遭挫折之后，她终于放弃了那些毫无意义的坚持，决定改变戏路。于是，一个接一个的新角色出现了。从《新龙门客栈》里的老板娘，到《宋庆龄》里的宋庆龄；从《一门喜事》里的新娘子，到《甜蜜蜜》里的打工妹；从《济公》里的放荡妓女，到《青蛇》里的可爱青蛇……

她角色多变，戏路宽广，演技出色，张曼玉终于成功了，成为家喻户晓的明星，具有极高的票房号召力。

这些角色的出演，给张曼玉带来了极大的声誉，她连续四次荣获香港金像奖最佳女演员奖。可以说，她获得了巨大的成功。而这些成功，当然归功于她及时放弃了无意义的坚持。

人们常说“坚持就是胜利”，可是当我们明知道坚持下去没有好结果，那么还不如放弃固有的坚持，尝试着做些改变，说不定就会峰回路转，成就另一番事业。有一位哲人说道：“我不会抓紧任何我拥有的东西！当我抓紧什么东西时，我很可能会失去它。如果我抓紧爱，我也许就完全没有爱；如果我抓紧金钱，它便毫无价值。想要体验拥有任何东西的唯一方法，就是将它放掉。”

如果你能领悟放下的道理，你就会有一种如释重负的感觉。因为只有懂得放下，才能把握当下。更何况，人生在世不如意者十之八九，如果我们不能及时抛开那些不必要的东西，那么我们背负的“人生行囊”就会越来越重，最终吞噬掉你的青春、你的事业，让你一辈子都碌碌无为。

一个人拿得起是一种勇气，放得下是一种智慧。什么时候学会放弃，什么时候便开始了成熟。我们都要学会放弃，放弃失恋带来的痛楚，放弃屈辱留下的仇恨，放弃心中所有难言的负荷，放弃耗费尽力的争吵，放弃没完没了的解释，放弃权力的角逐，放弃对金钱的贪婪，放弃对虚名的争夺……凡是次要的、枝节的和多余的，该放弃的时候都要放弃。

人生要经营才完美

人生唯有经营，才会走向完美。从谋划在博浪沙行刺秦始皇开始，张良的声名就广为大家所知。虽然行动没有成功，但是奠定了这之后张良在反秦义士中的江湖地位。单枪匹马，想要解决国仇家恨，那是不可能的。作为一介书生，张良不可能振臂一呼，挑起反秦的大旗，因此依附在某个军事集团做幕僚，借力打力来实现自己的政治目标，就成了张良的最佳选择。

“运筹帷幄之中，决胜千里之外。”这是汉高祖刘邦对留侯张良的评价。如果没有张良的出谋划策，在楚汉相争中，还不一定鹿死谁手呢？从鸿门宴，峣关、蓝田之战到明修栈道暗度陈仓，这些让人叫绝的谋划，哪一桩没有张良的贡献呢？说到底，两个军事集团之间的竞争，归根结底还是人才的竞争。刘邦善于识人用人，因此才得以在秦朝末年的大争之世中脱颖而出，以弱胜强，最终击败有勇无谋的楚霸王项羽，成为西汉的开国君主。张良先帮着刘邦与秦朝斗；帮着刘邦与项羽斗；又帮着刘邦、吕后与功臣斗；同时还要留一份心思与刘邦、吕后斗。张良在斗争中，将自己的毕生所学发挥得淋漓尽致，从而成就了刘邦，也成就了自己。

张良作为智慧的化身，历代谋士的典范，最让人叹服的就是功成名就后却能全身而退，这在鸟尽弓藏的西汉初期简直是不可想象的。张良之所以能做到这一点，关键就在于得到了黄石公赠予的《素书》。《素书》是以道家思想为宗旨，集儒、法、兵的思想发挥道的作用及功能，同时以道、德、仁、义、礼为立身治国的根本，揆度宇宙万物自然运化的理数，以此认识事物，对应事物、处理事物的智能之作。《素书》不仅是一部修身处事的格言集，而且是一部治国统军的政论书。半部《论语》治天下，一部《素书》得天下，这就是张良得以功成名就的原因。张良及其事迹，在中国可谓家喻户晓，甚至被神话为白云祖师，位列仙班，然而关于张良和《素书》之间的前因后果，知道的人就不甚了了了。

博浪沙行刺秦始皇未遂后，为避祸，张良隐居在下邳。一天，张良闲步沂水圯桥头，遇一穿着粗布短袍的老翁，故意把鞋脱落桥下，然后让张良捡上来替他穿上。张良尽管不满，但仍然照做了，老人赞叹道：“孺子可教矣。”并约张良五日后凌晨再到桥头相会。五天后，鸡鸣时分，张良急匆匆地赶到桥上，结果晚老人一步。老人愤愤地斥责道：“与老人约，为何误时，五日后再来！”第三次，张良索性半夜就到桥上等候。他经受住了考验，其至诚和隐忍精神感动了老者，于是送给他一本书，这就是传说中的《素书》，赠书者就是黄石公。从此，张良日夜研习《素书》，终于成为一个深明韬略、文武兼备，足智多谋的“智囊”。

一部《素书》改变了张良的人生轨迹，这是知识改变命运的典型案例。而最为关键的是，张良没有读死书，而是将《素书》的理论跟自己的人生际遇结合起来，活学活用，科学经营自己的人生。**人生得意之时，不忘失意之日。**这一点，纵观古今中外，又有多少功成名就者能够做到张良这样呢？

胜不骄败不馁

曾国藩置办团练发迹时，李鸿章还在充任别人的幕僚。因为每每写出的文案都不为主人待见，只得悻悻离去，另谋出路。李鸿章想到，要想升迁快，只有在军营中才有机会，而老师曾国藩作为湘军统帅正是用人之际，自己前去投军一定会得到重用。于是就带上名帖，到军营去拜访曾国藩。

当年，曾国藩患肺病，僦居城南报国寺，与经学家刘传莹等谈经论道讲理学。京师人士，不分满汉，都很看重曾国藩，李鸿章当时即以师事之。李鸿章也不亏，因为他父亲李文安和曾国藩同年中进士，算是同学，曾国藩当然辈分在李鸿章之上。李鸿章不仅与曾国藩“朝夕过从，讲求义理之学”，还受命按新的治学宗旨编校《经史百家杂钞》，所以曾国藩一再称其：“才可大用，将来必是相辅之才。”

曾国藩当时公事稍歇，正在签押房内洗脚，忽然听得一个护卫入报，说是李鸿章李大人求见。曾国藩听了非常高兴，连忙吩咐请在花厅相见。花厅就是客厅，是非常正式的见客之处。护卫正要出去传话，可是曾国藩又赶紧说道：“你请李大人来此地吧。”

护卫以为曾国藩说错了，就在那里不敢走，心想大帅在此洗脚，怎么好将外客请到这里来呢？这不是怠慢人家么？曾国藩笑着说道："李大人是我门生。师生之间没有什么避讳，你只管把李大人请来便是。"

李鸿章一听曾国藩在便室见客，心中有些不快。他一跨进门槛，瞧见曾国藩正在洗脚，并不以礼相见，曾国藩只是轻轻一点头，便张嘴向旁边一张椅子上一歪道："少荃且坐。"说完这句，曾国藩仍然自顾自地低头洗脚，并不与李鸿章搭话。那一种轻慢人的样子，真把李鸿章气得七窍生烟。李鸿章也不坐，只是厉声质问道："门生远道而至，方才在外面候了好久，怎么老师还在洗脚？"

谁知曾国藩见李鸿章已在发火，仍旧淡淡地说道："少荃在京，和我相处，不算不久。难道还不知我的脾气么？我于平时，每函乡中诸弟子，都叫他们勤于洗脚。因为洗脚这桩事情，非但可以祛病，而且还可以延年益寿呢。"

李鸿章听得如此解释，更加气愤。又见门外的那一班护卫们、差官们，都对着自己指指点点，似乎满含嘲弄之意。于是他不再言，只是冷笑了一声，拂袖而出。等到走到门外，犹闻曾国藩笑声，似乎在说如此年少气盛，怎好出来做事。

走出军营，跳上马，一路扬鞭奋蹄，不觉就是五六里路光景。想起曾国藩对自己的种种轻慢，李鸿章就一肚子气。本想投奔老师谋个一官半职，如今却是这样下场，不禁悲从心来。正在思量之间，后面却追上来一匹快马，转瞬就到眼前。李鸿章一看，却是同窗好友程学启，其正在曾国藩帐中做幕僚掌文案。程文启说大帅知你才深如海，可是年少气盛，如在官场上混，可能要吃许多暗亏，因此今天特意通过洗脚戏去去你的骄奢之气，大丈夫要能屈能伸，望你明白大帅苦心。

李鸿章这时才恍然大悟，连忙回到军营向曾国藩道歉，争取做一个有才干、有气量的人，绝不辜负老师栽培。至此，李鸿章收敛了许多，戒骄戒躁，励精图治，终成晚清一代名臣。

决心让成功更上一层楼

那时肯尼正就读于纽约大学的卫生保健管理专业，尽管还有一个学期才能毕业，但是他已经迫不及待地想开始自己的职业生涯。当时经济低迷，工作机会难觅。有一天，肯尼发现纽约市著名的斯诺克思山医院正在招聘一个晚间管理岗位。尽管职位描述中要求应聘者具有一点工作经验，但是没有任何经验的肯尼还是决定去试一试。肯尼花了整整两周的时间来为这次面试做准备，结果他成了一部名副其实的便携式斯诺克思山医院历史百科全书。

然而，面试那天肯尼一觉醒来，却惊讶地发现外面一片白雪茫茫。新闻报告说，这是近年来最大的一场暴风雪，据预测降雪深度将达到2英尺。肯尼开始思考要不要放弃这个机会，但他很快想到，既然无论阴晴雨雪，医院都是24小时照常工作。那么，可以确定的是，他的面试官一定会想办法赶到医院去工作。医院在聘用员工时，该员工的可靠性毫无疑问是其面试的主要考核依据之一。于是，他穿上雪地靴，套上冲锋皮衣就出发了。从他居住的纽约市郊区白原到医院的所在地曼哈顿东76大街通常需要一个小时的时间。不过，这样糟糕的天气里，肯尼并不打算信赖通勤列车的时刻表。他提前三小时从家里出发了，从而确保有足够的时间准时抵达面试地点。他上车之后，就又开始复习他的笔记了。

不幸的是，那天的雪实在太大，大雪覆盖了车轨，列车无法通过。肯尼乘坐的列车停在了前往曼哈顿的途中。肯尼只能坐在车厢里，透过雾蒙蒙的玻璃窗无助地凝视着外面的白色世界。很快，他特意留出来的三个小时就过去了。眼看时间一分一秒地过去，他已经快迟到一个小时了。那个时候，没有手机，列车上也没有付费电话。一想到自己可能会与这一大好机会失之交臂，肯尼就急得像是热锅上的蚂蚁。最终，绝望的肯尼找到乘务员，将自己的处境告知对方，哀求他用无线电联络前方的车辆调度员，让调度员替他给医院打电话。乘务员十分同情肯尼，尽管这样做违反公司规则，但他还是照样做了。终于，在迟到了数小时之后，全身湿漉漉的肯尼蓬头垢面地出现在了面试地点。面试官告诉他，他接到了肯尼捎来的口信，并且对肯尼为此付出的努力赞许不已。接着，他们就开始了愉快的面试，似乎进展还不错。但是肯尼知道，自己没有丝毫工作经验，而且应聘这一职位的不在少数，他已经做好了最坏的准备。

谁知道，几天后肯尼居然接到了医院人力资源部经理请他就职的通知。经理说，肯尼的确是应聘者中最年轻、最没有经验的一个，但是他参加面试的坚定决心给管理层留下了深刻的印象。医院管理层认为，**基础技能的不足可以通过日后的培训弥补，但是肯尼**

的这份决心、使命感以及遇到紧急情况的足智多谋却是一种难能可贵的品质，是任何培训都无法提供的。如今，肯尼已经成为纽约健康和医院集团的一名高级管理者。

塞翁失马焉知非福，那天的暴雪天气就是老天送给肯尼的一份礼物，使他有机会证明没有任何事情能够阻碍他实现自己的目标，同时证明了他是一个信守承诺的人。而这些特质，正是雇主最为看重的。

勿以善小而不为

法国银行家莱菲斯特年轻时有段时间因为找不到工作而赋闲在家。有一天，他拿着简历，鼓起勇气到一家大银行找董事长求职，可是一见面便被董事长拒绝了。董事长说："这段时间经济萧条，我还准备裁员呢。像你这种没有工作经验的年轻人，我们暂时不需要。"

他的这种经历已经是第 52 次了。莱菲斯特沮丧地走出董事长的办公室，心情糟糕极了。在过道上，莱菲斯特突然觉得脚底很痛，几乎把他眼泪都疼出来了。他蹲下去一看，原来左脚鞋底扎进了一根大头针。他用力地拔出大头针，针尖上居然还带着点血印。这可真是人走霉运，喝冷水都要噎死。"谁跟我作对！"他愤愤地说道，把大头针扔在了地上。转而他又想，不能再叫打头针扎别人了，就随手把大头针捡起来，用纸巾包好，投进了垃圾箱里。

谁知道，第二天莱菲斯特竟收到了银行录用他的通知单，要求他赶紧到银行来上班。莱菲斯特喜出望外，这是怎么了？自己不是已经被董事长拒之门外了吗？是什么原因让董事长又回心转意了呢？

原来，就在莱菲斯特处理大头针的时候，董事长看在了眼里。董事长觉得，莱菲斯特是个谨慎细致而又能为他人着想的人，就想给他个机会，于是便改变主意雇用了他。莱菲斯特就在这家银行起步，逐渐成长为一个卓有成就的银行家。

机遇就像泥鳅，稍不注意就会从你手上溜掉。莱菲斯特的机遇表面上仅仅因为一根大头针，看似偶然却又必然，一个人只要保持高尚的情操，终究会给自己带来意想不到的收获。

“勿以善小而不为。”刘备白帝城托孤，明确地告诫刘禅，算是一代枭雄的政治遗言。作为国君来说，做件善事不外乎动动嘴就行了，自有相关部门去处理。可是对于与这件善事发生关联的人士来说，却往往是改变他们命运的惊天之举。刘备是深谙其中之道的：东汉末年，群雄并起，逐鹿中原。刘备一个草鞋贩子，何以最后能够与曹操、孙权三分天下，建立霸业呢？我想这与刘备喜欢做善事是有密切联系的。军队撤退的时候，往往要抛掉辎重粮草这些累赘，以利于军队快速机动，从而保存有生力量。可是刘备却反其道而行之，他在军队撤退时，还捎带上驻地的老百姓，不忍看着百姓遭受敌军屠戮，从而为自己赢得了仁德的善名，得到百姓的拥护。

所谓“善小”，意在小小的善行。举手之劳，何足挂齿，是微不足道之意。行虽微小，而善心乃大。哪怕点滴的善举，非得有大大的善心才能发生。一个人坚持做些微末的善事，日积月累，必能赢得别人的尊重，从而拥有更多的朋友。如果我们每个人都坚持在生活中做些善事，譬如在公车上给老弱病残孕让座，到山区支教，参加义工组织等，我为人人，人人为我，那么大家的力量聚集起来，就会形成莫大的善举，从而造福社会。

小事成就大事，细节成就完美

160 年前，尼亚加拉大瀑布不仅是一幅壮观的自然奇观，同时也是一道无法逾越的天堑。美国和加拿大政府都急于将各自领土内的瀑布变成可牟利的资本，然而无论是开发旅游业还是商业，双方政府都因瀑布两侧无桥梁沟通而一筹莫展。两岸悬崖间的峡谷太宽，靠近瀑布的尼亚加拉河河道上的漩涡流又太深，无法确保船只能够安全通航，因此，位于瀑布上游的一艘小摆渡船就成了两岸间唯一的通道。

看着白花花的银子变成水流掉，两国政府都心有不甘。如果两国能够建造一座桥梁横跨这一自然鸿沟，使大瀑布成为旅游景点，其收益肯定是相当可观的。然而，这一想法很快就被来自欧洲和北美的大工程师们否决了，只有一小部分人仍然觉得这是可行的。其中一位持肯定态度的工程师名叫查尔斯，这位来自费城的年轻人初出茅庐，心高气傲，坚决认为在瀑布上架设吊桥的方案是可行的。

吊桥方案的技术难度极大。选吊桥必须足够结实，能够承受数吨乃至数十吨的重量。不过，颇具讽刺意味的一点是，如此大规模的项目通常都始于一条钢缆。一般地说，工程师会在河的两岸或水体的两侧拉一条绳索，接着，他们会重复这一看似细微的工作多次，直到钢缆具备足够的承重力，能够安全地承受住桥体产生的巨大拉力和重力。然而，他们现在需要面对的是尼亚加拉大瀑布，瀑布两岸相距 800 英尺，而且两岸陡峭的悬崖高达 225 英尺，这就把查尔斯和他的团队难住了。由于河面上的激流异常危险，所以将一条粗钢缆固定在峡谷的一侧，再用船将钢缆的另一端运到另一侧的方案根本行不通。

一天晚上，查尔斯和他的团队聚在一起，商讨如何克服这一实际地理难题，大家提出了不少建议。查尔斯想能不能借助岩石将钢缆抛至对岸，还有人甚至提议通过炮弹将钢缆打到对岸去。可是，大家很快否决了这一提议，毕竟，他们的目标是通往加拿大，而不是轰炸邻国。

最终，这一难题总算解决了，只不过解决问题的人并不是建设团队里有经验的工程师，而是一名当地人。他的方案逻辑严密，但听上去简直荒谬可笑：举行一场风筝比赛吧！风筝要够大，风筝线要够结实，只要有一个风筝成功地穿越峡谷飞到对岸，风筝线就能被固定下来，然后在此基础上继续加固加粗。最后，施工队就能借助蒸汽绞车将钢缆送到对岸，并且固定，成为整座吊桥的建造基础。第一个将风筝飞过河的人将能得到 500 美元的奖励，这在当时可不是个小数目。这项比赛可以一直进行下去，直到有人取得成功。

于是，在接下来的几个月里，共有数百人来此放风筝碰运气。即便是冰冻三尺的严冬也没有令竞赛者退却。最终，一个叫霍夫曼的男人将一个风筝送到了对岸。六个月后，尼亚加拉大瀑布吊桥正式通车，对公众开放，美国、加拿大两国政府和人民都受益不少。

天堑变通途，整个工程堪称一项壮举，但是它的关键就在于：穿越河道，在两岸间建立联系。风筝飞跃尼亚加拉峡谷只是一个小环节，但这个环节却至关重要。**小事不小，没有一件件小事的成功，我们就不能成就人生的大事。**